图像深度表示学习方法

李 阳 苗 壮 王家宝 张 睿 著

U0382290

西北工业大学出版社

西 安

【内容简介】 图像深度表示学习技术已经成为机器学习和图像处理领域一个新兴的研究热点。与传统的图像表示方法相比,通过图像深度表示学习获取的图像特征具备精度高、维度低、泛化能力强等特点。虽然图像深度表示学习方法在解决很多实际问题中表现出了优异的性能,但仍存在诸多问题难以有效解决。本书对图像深度表示学习方法中存在的若干关键问题进行了深入分析,通过充分挖掘和利用深度模型内部多层结构信息与数据分布之间的先验信息,探讨了深度表示模型的选择与设计、深度迁移特征跃层表示、非监督深度度量学习和有监督深度哈希学习等方法,并将上述模型和方法应用于解决图像检索、图像分类、目标跟踪和数据可视化等实际问题。

本书可供高等学校计算机科学、人工智能和机器视觉等专业的学生,以及大数据和人工智能应用程序开发人员阅读,也可供高等学校的教师、研究机构的研究人员参考。

图书在版编目(CIP)数据

图像深度表示学习方法 / 李阳等著. — 西安 :西北工业大学出版社,2024.4
ISBN 978 - 7 - 5612 - 9292 - 1

Ⅰ. ①图… Ⅱ. ①李… Ⅲ. ①数字图像处理-学习方法 Ⅳ. ①TN911.73

中国国家版本馆 CIP 数据核字(2024)第 095255 号

TUXIANG SHENDU BIAOSHI XUEXI FANGFA
图 像 深 度 表 示 学 习 方 法
李阳 苗壮 王家宝 张睿 著

责任编辑:孙 倩		**策划编辑:**杨 军	
责任校对:朱辰浩		**装帧设计:**李 飞	

出版发行 西北工业大学出版社
通信地址 西安市友谊西路 127 号　　　邮编:710072
电　话 (029)88491757,88493844
网　址 www.nwpup.com
印 刷 者 兴平市博闻印务有限公司
开　本 720 mm×1 020 mm　　　1/16
印　张 8.25
字　数 162 千字
版　次 2024 年 4 月第 1 版　　　2024 年 4 月第 1 次印刷
书　号 ISBN 978 - 7 - 5612 - 9292 - 1
定　价 48.00 元

前　　言

　　图像深度表示学习技术已经成为机器学习和图像处理领域一个新兴的研究热点。与传统的图像表示方法相比,通过图像深度表示学习获取的图像特征具备精度高、维度低、泛化能力强等特点。虽然图像深度表示学习方法在解决很多实际问题中表现出了优异的性能,但仍存在如下几个重要问题有待解决:①仅关注模型结构和参数调优,对如何选择和设计深度模型缺乏指导原则;②没有充分考虑在零样本条件下提高图像深度表示能力的机制;③没有充分利用无监督数据提高深度模型的表示能力;④缺乏特定有效压缩深度图像特征维度的方法,使得大规模图像数据难以进行快速分析处理。

　　本书对图像深度表示学习方法中存在的上述关键问题进行了深入研究,通过充分挖掘和利用深度模型内部多层结构信息与数据分布之间的先验信息,探讨了深度表示模型的选择与设计、深度迁移特征跃层表示、非监督深度度量学习和有监督深度哈希学习等方法,并将上述模型和方法应用于解决图像检索、图像分类、目标跟踪和数据可视化等实际问题。本书主要创新点和贡献总结如下。

　　(1)随着深度模型结构的演变,模型深度越深其在图像分类任务中的精度就越高。但从通用表示能力的角度看待深度模型,是否分类精度高的模型其通用表示能力就越强呢? 为了构建具备通用表达能力的模型,本书用实验验证了一个重要的结论——分类精度高的模型其通用表示能力反而下降,这为通用情况下深度模型的选择提供了依据。同时,对于图像深度模型设计缺乏指导原则的问题,本书利用类脑结构的思想提出一种模块化的卷积神经网络构建方法。具体地,卷积层、归一化层和最大池化层构建浅层模块,可以模拟人类视觉皮层的特征抽取功能,同时具备非线性映射和降低维度功能;卷积层、归一化层和线性整流函数(ReLU)层构建深层模块,主要完成从中层特征到语义概念的映射功能。利用该方法在两个图像分类数据集合上的实验表明,所提方法不仅能够提高模型分类精度,而且其收敛速度也显著提高。

(2)现有图像深度表示学习方法通常利用调整参数的方式来对新的数据集进行重新训练,而对于零学习样本条件适应能力较差。为此,本书提出了一种深度迁移特征跃层表示方法。该方法受到生物视觉系统跃层连接的启发,充分挖掘、利用了深度模型的多尺度多层特征。具体地,在图像检索中通过将多尺度多层深度特征进行综合编码,提出了一种深度跃层特征编码表示方法。同时为了进一步提高多层特征的表示能力,提出了一种对冲非参数加权特征融合方法。该方法可以进一步提高跃层特征描述能力。在图像跟踪任务中,通过将卷积神经网络跃层表示方法与传统方向梯度直方图(HOG)特征相结合,设计了一个基于相关滤波视频目标跟踪框架的新方法。该跟踪方法成功提高了视频目标跟踪的精度。实验结果表明,本章所提方法可以有效改善图像检索和目标跟踪任务的性能。

(3)现有图像深度表示学习方法中,利用无标签数据很难进行有效学习。由于图像标注需要花费大量的时间,如果可以利用无标签数据提高模型的表示能力会带来巨大的优势。针对这一问题,本书提出了一种非监督深度度量表示学习方法。该方法不需要引入额外的数据,可以避免大量的图像标注时间和数据采集时间。具体地,该方法通过局部最大化卷积激活特征(R-MAC)抽取、主成分分析(PCA)白化和非线性度量学习三个步骤,在不对深度神经网络参数进行调整的情况下,通过深度特征之间的密度分布实现度量学习。与传统方法相比,该方法避免了深度神经网络学习调参过程中难于优化、训练时间长等问题。实验结果表明,所提方法不仅可以得到更好的特征表示精度,同时还可以在度量学习的同时降低特征维度,进而使得图像的特征更加适合大规模图像数据检索,甚至可用于图像数据的可视化处理。

(4)现有图像深度表示学习方法得到的特征维度往往过高,难以实现对于大规模图像快速分析、处理。受到生物注意力机制的启发,本书提出了基于孪生网络的混合哈希表示学习方法和基于注意力机制的深度哈希表示学习方法。具体地,孪生网络的混合哈希方法设计了一种新的混合损失函数。与传统方法相比,混合损失函数充分利用了单标签与成对标签的属性信息,因此可以取得更好的学习效果。基于注意力机制的深度哈希表示学习方法,通过分析混合损失函数中成对哈希损失和分类损失的特点,在只利用分类损失的条件下通过引入注意力机制与残差网络机制进一步提高了深度哈希表示能力。实验结果表明,所提方法的 16 bit 二值化特征已经可以超越传统深度哈希方法 48 bit 编码的二值化特征。从理论上来说,这可以使图像存储效率提高三倍,同时查询效率也可以大大提高。

本书第 1、2、6 章由李阳撰写,第 3 章由苗壮、李阳撰写,第 4 章由王家宝、李阳撰写,第 5 章由张睿、李阳撰写。

在撰写本书的过程中,参考了很多论文、著作,在此表示由衷的感谢。

鉴于水平有限,书中难免有疏漏和不妥之处,诚请广大读者批评指正。

著　者

2023 年 2 月

目　　录

第1章　绪　　论

1.1　研究背景与意义

计算机视觉是一门研究如何让机器"看懂"世界的科学。更确切地说,计算机视觉的最终研究目标是使计算机能像人一样通过视觉观察来理解世界,进而具有自主适应环境的能力。随着信息技术的飞速发展,互联网上的图像和视频信息呈现爆炸性增长。面对海量图像视频数据,人类已经面临被数据淹没的困境。如何借助机器视觉技术,让机器帮助我们处理海量的图像、视频信息,已经成为科学家亟待解决的问题。

灵长类动物的视觉中枢系统具有强大的目标检测与识别功能。该系统可以在 100 ms 内对视觉信息做出正确的判断并做出相应的反馈[1],是目前最先进的图像处理系统。有研究表明,灵长类动物的视觉系统之所以能高效、鲁棒地识别感知视觉信息,主要是依靠颞下皮层(Inferior temporal cortex)强大的图像信息表示能力。在颞下皮层的帮助下,灵长类动物的视觉中枢系统可以对图像的尺度、旋转、光照、颜色等各种变化具有鲁棒性,可以将存在各种外观变换的同一物体正确地判断为同一个语义概念。如果我们把视觉中枢系统比作一个未知的函数 Ψ,由于该函数具有强大的表示(映射)能力,可以将存在各种变换的图像映射到相同的语义空间中,使得人类高层决策细胞可以轻松地识别出图像中存在的物体[2]。而生物视觉系统这种强大的映射能力,我们将其称为"不变表示能力",这也正是图像表示技术追求的终极目标。

传统的机器学习方法,由于存在"维度灾难"问题,对于图像等高维信息很难直接处理。面对该技术难题,传统机器学习方法主要采用特征提取 + 分类器训练的分段结构来解决。然而,由于传统机器学习的两阶段结构,如果在第一阶段特征提取过程中丢失了信息,那么在第二阶段中任何分类器也无法得到高精度的结果。另外,在很多情况下,人们很难说明到底哪种特征是完成一个视觉信息处理任务的最佳特征。比如,我们希望设计一个能够在众多图像中找到各种汽车的算法,但是在具体的算法设计中,我们很难具体描述一种规则来判断什么外观才是汽车。因此,通过机器学习来完成图像特征的表示学习(Representation learning)成为解决特征设计难题的关键问题。

所谓图像表示学习,就是利用机器学习技术自动学习图像表示的方法。图像表示学习希望达到近似灵长类视觉的高效表示能力,如图 1.1 所示。图像表示学习的特点是特征提取过程不再需要手工设计,而是利用大数据自动学习的方式得到。而图像深度表示学习方法是指采用最新的深度学习技术学习图像"多层"表示的方法,该方法是图像表示学习中的一个特例。图 1.2 中给出了图像深度表示、图像表示学习与传统机器学习之间概念的差别。从图 1.2 中可以看出,深度表示学习将图像输入后的整个处理表示过程都通过学习来实现,是一种端到端的无须人工设计的数据驱动方法。同时,由于图像深度表示学习技术是深度学习中的一个子问题,因此图像深度表示学习是人工智能、机器学习和深度学习的子集。人工智能、机器学习、深度学习、图像深度表示学习的隶属关系如图 1.3 所示。

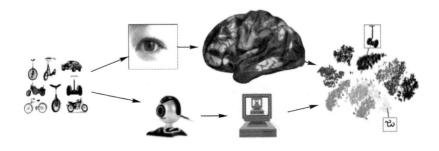

图 1.1　类脑视觉表示模型

图像深度表示学习方法希望能够在机器中构建类似于灵长类视觉中枢功能的"不变表示能力"。一旦我们可以制造出具有人类视觉系统表示能力的模型,机器就可以将一幅图像表示成一个具有语义的特征向量。当这个具有语义相似性的特征向量空间形成时,机器就可以轻松发现图像数据间的内在关系,自动实现图像内容的理解,同时众多机器视觉的难题也将随之迎刃而解。

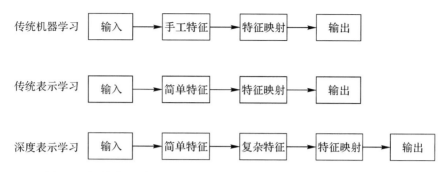

图 1.2　机器学习、表示学习和深度表示学习关系图,灰色部分表示可以
通过数据直接学习的部分

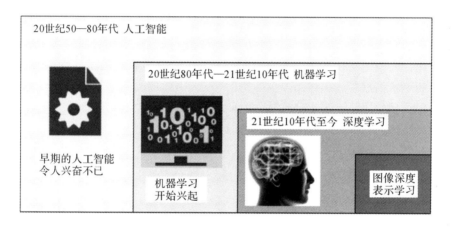

图 1.3　人工智能、机器学习、深度学习、图像深度表示学习的隶属关系

1.2　国内外研究及应用现状

长期以来,科学家一直希望能够制造出具有和灵长类视觉系统相似功能的机器,进而帮助人们"看懂"世界。为了实现机器"看懂"世界的梦想,科学家也在不断模拟人脑视觉机制,企图构建具备"不变表示能力"的类脑函数。目前,图像表示方法根据其发展历程主要分为三类:手工特征图像表示方法、浅层图像表示学习方法和深度图像表示学习方法。而在这三类表示方法的发展过程中,认知心理学与神经科学的发展在其中起到了重要的作用。

1.2.1　手工特征图像表示方法

在人类视觉系统认知方面,早在1959年,Hubel和Wiesel就通过研究猫的视觉系统,发现了视觉系统中的简单细胞和复杂细胞,使得人们对视觉系统的工作过程有了第一次深入的了解[3]。1970年,David Marr提出了第一个视觉分层表示模型[4],而这种表示方式与生物视觉系统的分层机制恰好不谋而合。

在图像处理技术兴起后,科学家一直希望通过手工的方式设计出这个具备"不变表示能力"的函数,然后再利用机器学习的技术来实现各种视觉任务。因此,手工特征 + 机器学习的模式,长期以来成为计算机视觉领域的研究重点。早期的手工特征,为了达到"不变表示能力"的要求,出现了多种全局特征和局部特征。全局特征主要包括颜色、纹理、形状三大类特征。颜色特征是图像特征中最常用的一个特征,该特征具有尺度、旋转不变性,并在早期的图像表示中被广泛使用。但颜色特征缺少空间信息描述能力,使得其表示能力受到一定限制。纹理和形状信息可以描述图像中的空间信息,因此成为辅助颜色特征的重要特征。但纹理信息对噪声十分敏感,而形状特征对于尺度和旋转变换又有重要缺陷,这使得全局特征在使用中面临特征选择的难题。

1999年,Lowe等提出了著名的尺度不变特征变换(Scale Invariant Feature Transform,SIFT)局部特征,该特征采用局部特征描述方式,具备了尺度、旋转、光照等不变性,成为图像表示手工特征中的里程碑标志[5]。而SIFT特征的核心思想是高斯差分金字塔模型,也与生物视觉系统的视觉分层表示模型[4]不谋而合。2005年,方向梯度直方图(Histogram of Oriented Gradients,HOG)局部特征被用于行人检测[6]。HOG特征使用的梯度信息,也正是视觉系统中感受差异功能的具体体现。在SIFT和HOG特征的基础上,为了进一步压缩特征维度,学者又提出二值化的局部特征,典型的包括 BRIEF(Binary Robust Independent Elementary Features,二进制鲁棒独立基本特征)[7]、BRISK (Binary Robust Invariant Scalable Keypoints,二进制鲁棒不变可扩展关键点)[8]、ORB(Oriented FAST and Rotated BRIEF,带有 FAST 检测和旋转 BRIEF 的描述符)[9]以及 FREAK(Fast Retina Keypoint,快速视网膜特征点)[10]等。局部特征在每一个图像上会提取成百上千的特征点,使得局部特征的特征维度非常高。为了进一步降低局部特征复杂度,词包(Bag of Features,BoF)模型的提出使得局部特征的设计和应用得到集成。通过视觉词包得到的特征不但可以降低维度,还可以进一步提高表征能力。在实际应用中,通过将词包模型与典型的分类器学习方法相结合,在图像识别等领域取得了较好的效果[11]。

1.2.2　浅层图像表示学习方法

虽然手工特征在某种程度上对于图像处理起到了很好的表示作用,但人工设计特征往往需要大量的图像处理知识以及对生物视觉系统的了解,众多学者已经花费了数十年的时间来完善这项工作。浅层图像表示学习方法利用降维技术和流形学习技术将原始特征直接映射到低维空间,在克服"维度灾难"①的同时,也实现了特征的自动提取。

早在 19 世纪初,利用数据进行特征学习的方法就已经出现。1901 年,Pearson 提出了著名的线性非监督特征学习方法——主成分分析法(Principal Component Analysis,PCA)[12]。1936 年,Fisher 提出线性监督特征学习方法——线性判别分析法(Linear Discriminant Analysis,LDA)[13]。由于 PCA 和 LDA 方法十分简单,在此基础上又出现了多种新的特征学习方法。例如,在 PCA 算法的基础上,出现了潜在语义分析(Latent Semantic Analysis,LSA)[14]、核 PCA(Kernel PCA,KPCA)[15]、概率 PCA(Probabilistic PCA,PPCA)[16]、稀疏 PCA(Sparse PCA,SPCA)[17]、鲁棒 PCA(Robust PCA,RPCA)[18]和高斯过程隐变量模型(Gaussian Process Latent Variable Model,GPLVM)[19]等方法。在 LDA 算法的基础上,出现了增量 LDA(Incremental LDA,ILDA)[20]和边界分析(Marginal Fisher Analysis,MFA)[21]等方法。但早期特征学习方法主要以线性假设为前提,在实际应用中存在很多局限性。对于高维图像数据来说,这种线性的特征近似表示会产生大量表示精度的损失。

从 2000 年开始,流形学习(Manifold learning)提出一个重要的假设,该假设认为:极高维空间中的数据实际上都分布在一个潜在的低维流形上。换句话说,我们所能观察到的数据实际上是由一个低维流形映射到高维空间上的。由于受数据内部特征的限制,一些高维中的数据会产生维度上的冗余,实际上只需要比较低的维度就能唯一地表示高维数据。这个重要的结论为后来表示学习技术的发展提供了重要的研究思路。在流形学习理论的指导下,利用非线性映射把一组高维空间中的数据在低维空间中重新表示,成为特征表示学习的一种新方法。其中经典的非线性流形学习算法包括等距映射(Isomap)[22]、局部线性嵌入(Locally Linear Embedding,LLE)[23]、拉普拉斯特征映射(Laplacian Eigenmaps,LE)[24]和多维缩放(Multidimensional Scaling,MDS)[25]等。Isomap

---

①　维度灾难是在图像识别中,当实际图像表示特征的维度过多时,分类器的性能不能得到改善,而是退化的现象。

方法试图通过保持任意两点之间的测地线距离来保持流形的全局几何结构。而 LLE 方法假设流形在局部可以近似等价于欧氏空间进行分析。LE 方法希望保持流形的近邻关系,将原始空间中相近的点映射成目标空间中相近的点。

除此之外,大量度量学习(Metric learning)[26]、字典学习(Dictionary learning)[27]和稀疏表示(Sparse representation)方法也被广泛用于浅层特征表示学习中。

1.2.3 深度图像表示学习方法

一种更彻底的图像表示方式就是模拟人类大脑的处理过程,将图像表示与各种视觉任务建立端到端的学习,而不再将其分成两个孤立的部分。但由于这条技术路线面临巨大的困难挑战,深度图像表示学习方法在其发展过程中出现了伴随人工智能兴衰的起伏跌宕。

1943 年,在人工智能出现之前,McCulloch 和 Pitts 提出了最早的神经元(Neuron)模型[28]。神经元模型通过人工设定参数可以实现最简单的二类分类任务。1949 年,心理学家 Hebb 提出了 Hebbian 学习理论[29]。该理论认为人脑神经元突触上的强度是可以变化的,这为神经网络模型学习权重提供了重要的思想。到 1956 年人工智能诞生时,神经元模型已经形成了连接主义学派[30](其他两个学派是符号主义学派和行为主义学派)。1958 年,Rosenblatt 提出感知器模型。该模型是一个两层的神经网络,可以通过学习算法实现神经网络模型参数自动计算[31]。同时,Rosenblatt 提出希望通过该模型能够实现类人脑的视觉、听觉、控制等众多功能,这种美好的预言让人们对神经网络充满期待。但由于早期的感知器模型是一种线性模型,该模型的拟合能力有限,甚至连简单的异或函数(XOR function)都无法拟合。1969 年,Minsky 和 Papert 用"美丽的错误"来形容感知器模型,从理论上证明了感知器模型的表示能力存在严重缺陷[32]。这种表示能力的缺陷使得神经网络的研究和整个人工智能领域的研究进入寒冬。

19 世纪 70 年代,认知科学(Cognitive science)的发展让人们对于神经网络与表示方法有了更深的了解。1974 年,Werbos 提出利用反向传播算法来训练多层感知器模型[33]。1986 年,Rumelhart 等提出分布表示(Distributed representation)的概念[34],该理论认为复杂概念都是通过简单概念组合表示得到的,而且简单的表示可以在多个复杂模式中重复使用,这个理论的产生成为深度表示的理论模型。同在 1986 年,Rumelhart 和 Hinton 在自然杂志上发表论文[35],该论文第一次系统、简洁地阐述了如何利用反向传播算法在神经网络模型上实现特征表示学习。从此开始，多层感知器模型可以更好地通过学习得到特征表示。通过反向传播算法，多层感知器模型在理论上可以学习任何复杂的函数，该能力也被称为"万能逼近特性"。在图像表示方面，1989 年 Lecun 等利用 Neocognitron 机制[36]设计了一个卷积神经网络模型，希望通过自动学习的方式实现图像的特征表示与认知学习[37]。伴随着神经网络技术的突破，人们对神经网络再次充满期待，然而第二次的期待依然带来了第二次的失望。由于当时的计算能力有限，神经网络对于大规模样本存在难以训练的问题，很难推广到大规模图像应用领域之中。同时，由于神经网络在训练过程中依赖于反向传播算法，该算法随着层数的增加会出现梯度弥散问题。计算能力与优化方法的缺陷，严重限制了该技术的进一步推广，在实际应用中甚至无法超越手工的特征加上简单高效的 SVM（支持向量机）分类方法。理论与现实的差距造成的"失落"使得神经网络再次变得无人问津。

随着信息技术的进一步发展，计算机的计算能力呈现指数级增长。特别是 GPU（图形处理器）的出现使得大规模并行计算成为可能，这为神经网络大规模计算提供了硬件基础。2006 年，Hinton 在一篇著作 *A fast algorithm for deep belief nets*[38]中克服了反向传播算法的"梯度弥散"问题，利用逐层训练全局调优的策略使得高效学习深度神经网络成为可能。2010 年，瑞士学者 Ciresan 等利用 GPU 实现反向传播算法进行神经网络参数计算，速度比传统 CPU 快了 40 倍[39]。2011 年，斯坦福大学研究生黎越国和他的导师吴恩达等联合提出利用大规模无监督学习方法学习高层特征的方法。该计算模型在 1 000 台机器（每台机器有 16 个 CPU 内核）上分布式运行，耗时三天三夜才完成训练[40]。2011 年，加拿大蒙特利尔大学学者 Glorot 和 Bengio 提出一种称为"修正线性单元"（Rectified Linear Unit，ReLU）的激活函数[41]。ReLU 激活函数不但可以加速神经网络的训练，还可以进一步消除"梯度弥散"问题，进而得到高质量的稀疏表示特征。2012 年 7 月，Hinton 提出通过阻止特征的共同作用来改进神经网络的"丢弃"（Dropout）算法[42]。Dropout 方法让神经网络加入了"遗忘机制"，使得模型在学习过程中不得不充分利用所有神经元的功能，进而让更多的神经元参与学习，以得到更强的模型表示能力。

伴随着硬件和算法的不断进步，深度表示学习在 2012 年迎来了全面爆发。2012 年，AlexNet 的出现彻底颠覆了传统图像识别任务[43]，该方法通过深度卷积神经网络学习的图像特征在大规模图像数据集 ImageNet[44]上得冠军。该方法彻底战胜了手工特征 + 传统 SVM 分类器方法，从此图像表示进入了深度学习时代。

2013 年，ImageNet 竞赛获胜的团队是来自纽约大学的研究生 Matt Zeiler，其图像识别模型 top 5 的错误率降到了 11.7％。2014 年,在 ImageNet 竞赛中,谷歌团队将模型深度增加到 22 层,并进一步提高了图像识别精度,将 top 5 的错误率降低到 6.7％。2015 年,在 ImageNet 竞赛中,微软亚洲研究院的何凯明等提出 ResNet 模型,模型深度进一步加深,top 5 的错误率也降低到了 3.57％。与此同时,由于深度学习方法是通过大量数据学习的图像表示方法,该特征几乎可以适用于任何机器视觉领域。2014 年,Razavian 等通过实验表明,深度特征在物体分类、场景分类、图像检索、场景检索、目标检测、行为识别等九大领域都可以达到甚至超过传统手工特征的效果[45]。这种惊人的结果使得传统手工特征的能力再也无法与深度学习得到的特征抗衡。深度学习似乎成为人类模拟大脑的钥匙,利用该方法构建的模型,不仅仅可以表示图像信息,对于语音信息、自然语言处理等众多应用均取得了前所未有的进步[46,47]。从 2012 年到 2016 年,卷积神经网络将 ImageNet 大规模图像识别的错误率从 26％ 降低到 4％[48]。2016 年,轰动一时 AlphaGo[49] 大战李世石的围棋比赛最终取得胜利,而该机器中也使用了深度卷积神经网络表示模型。

国内外各大高校与研究机构都被深度学习的魅力所吸引,纷纷对该技术进行深入研究。谷歌、百度、Facebook、微软、IBM(国际商业机器公司)、亚马逊等商业巨头也开始了新一轮的深度学习人才争夺战。2012 年,曾在斯坦福大学和谷歌工作的吴恩达(Andrew Ng)创立了网上教育公司 Coursera。2012 年底,Hinton 和他的两个研究生 Alex Krizhevsky、Ilya Sutskever 成立了深度神经网络研究(DNN Research)公司,3 个月后该公司被谷歌以 500 万美元收购。Hinton 从此一半时间留在多伦多大学,另外一半时间留在硅谷,另外两位研究生则成为谷歌的全职雇员。2013 年底,纽约大学 Yann LeCun 被 Facebook 公司聘为人工智能研究院的主任。2014 年 5 月,吴恩达被百度聘任为首席科学家,负责百度大脑的计划。2017 年,吴恩达正式自立门户成立人工智能公司 Drive. AI。

深度学习技术的突飞猛进带动了新一轮的技术革命。而在这次深度学习的浪潮中,中国学者成为毋庸置疑的主力军。2017 年 7 月,我国发布了《新一代人工智能发展规划》,明确指出新一代人工智能发展的“三步走”战略目标,将中国人工智能产业的发展推向了新高度。根据初步估算,至 2030 年我国人工智能将产生 10 万亿元的产业带动效益。人工智能技术将成为继蒸汽机、电力、互联网科技之后最有可能带来新一次产业革命浪潮的核心技术。

1.3 图像深度表示学习技术的难点

基于深度学习的图像表示方法使得图像特征的表达能力得到显著提高。人们通过收集大量的有标签数据,根据各种任务需求训练能适应该任务的深度模型,最终可以得到很好的效果。同时,通过在大规模图像数据集上学习得到的深度模型,可以直接迁移到图像处理的诸多领域(如目标检测、目标跟踪、图像检索、图像分割等)[47],甚至可以超越人类精心设计的各种算法。但是,在现实应用场景中,图像存在各种光照变化、旋转变化、目标遮挡和背景聚集等现象,这使得基于深度学习的图像表示方法并没有达到尽善尽美的地步。特别是当模型训练的场景和新场景差异较大时,图像深度表示能力会显著下降。因此面对复杂的现实场景,图像深度表示方法依然面临严峻挑战,其问题主要体现在以下几个方面。

(1)现有图像深度表示方法多数依赖于图像分类模型构建,对于在其他图像处理任务中,如何在众多模型中选择一个好的表示模型,缺乏指导原则。同时,对于如何构建优秀的深度模型结构,缺乏解释性与简洁的设计方法。

(2)现有图像深度表示方法更多关注图像输出层的特征,缺乏对深度模型中间层特征的利用。在新的图像应用场景中,对于零学习样本条件下如何充分发挥深度模型的潜在能力缺乏研究。

(3)现有图像深度表示方法更多关注有监督条件下如何根据新任务调整网络参数与损失函数,对于现实中大量的无标签数据无法有效利用,缺乏在无监督条件下增强图像深度表示能力的方法。

(4)现有深度模型输出的图像特征维度往往较高(通常为 4 096 维)。对于超大规模图像数据集而言,该特征维度构建的特征集合也非常庞大,不利于大规模图像数据的分析处理。同时,当采用传统降维或者哈希学习等策略对图像深度特征进行压缩编码时,常常会造成图像特征的表示能力显著下降。因此,缺乏高效率、高精度的图像深度表示学习方法。

1.4 本书主要研究内容与组织结构

综上所述,本书主要针对图像深度表示学习中面临的挑战,针对以下 4 个问题展开研究:①如何选择和设计深度模型才能提高图像特征表示能力? ②如何在零样本条件下,充分开发深度模型的表示潜力? ③如何利用无监督数据,提高深度模型的表示能力? ④如何有效压缩图像深度特征的维度,实现高精度、高效率的图像表示。本书围绕图像深度表示学习中的以上4个重要问题进行阐述,研究内容共包括6章,各章节之间的关系如图1.4所示。

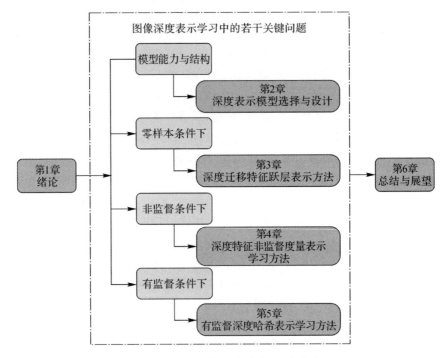

图 1.4 本书结构与各章节的关系图

第1章,绪论。介绍本书的研究背景与意义,阐述图像深度表示学习的国内外发展现状,指出目前图像深度表示学习中存在的几个问题,并简要介绍本书研究所涉及的几个内容。

第2章,深度表示模型选择与设计。首先,介绍卷积神经网络模型的基本结构。其次,分析几种卷积神经网络在目标跟踪和图像检索应用上的通用表示能力,给出模型选择的指导原则。最后,提出一种基于类脑结构的深度卷积神经网络模型设计方法,使得模型设计更加简洁、模型表示能力得到增强。

第3章,深度迁移特征跃层表示方法。探讨零样本条件下,通过深度跃层特征提高图像特征表示能力的方法。在图像检索任务中,提出一种基于深度跃层特征的编码表示方法,并通过对冲多尺度特征加权方法进一步提升多层特征的表示能力。在目标跟踪任务中,提出一种基于深度跃层特征的目标跟踪方法,有效提升目标跟踪的鲁棒性。

第 4 章,非监督深度度量表示学习方法。探讨在非监督条件下,利用无标签数据通过度量学习提升图像特征表示能力的方法。首先,提出一种深度特征非线性度量学习方法,该方法利用样本特征的概率密度分布进行度量学习,进一步提高图像特征表示在图像检索中的可度量能力。其次,在非线性度量学习过程中加入降维机制,使得特征维度得到进一步降低,显著提升检索效率。最后,该方法还可以扩展应用到数据可视化领域,提升图像数据集的可视化效果。

第 5 章,有监督深度哈希表示学习方法。探讨在有监督条件下,通过深度哈希学习降低特征维度并保持表示能力的方法。首先,提出一种基于孪生网络的混合哈希表示学习方法,该方法通过构建混合损失函数提升图像哈希特征的表示能力。其次,通过深入分析混合损失函数的特性,进一步提出基于注意力机制的深度哈希表示学习方法。该方法通过引入注意力机制和残差机制,进一步克服了分类损失函数过于简单的缺点,使得图像深度哈希表示能力进一步增强。

第 6 章,总结与展望。对全文内容进行总结,并进一步指出现有深度表示学习研究中待解决的问题及相应的发展方向。

值得说明的是,本书中 4 个主要工作之间存在紧密的关联关系:首先,第 2 章分析深度卷积神经网络在目标跟踪和图像检索应用上的通用表示能力,结果表明并不是分类精度高的网络在其他任务中表示能力就越强。相反,在分类任务中表示能力最佳的网络,会存在任务过拟合现象,使得其模型的通用性能反而下降。这个结论为第 3～5 章条件下选择模型提供了依据。其次,第 3 章围绕零样本情况下通过跃层表示提升特征表示能力进行讨论,第 4 章围绕非监督情况下提升特征表示能力进行讨论,第 5 章围绕有监督情况下提升特征表示能力进行讨论,这 3 个情况在实际应用中是数据构建从无到有、从简单(无标签)到复杂(有标签)的过程。同时,第 4 章中讨论的数据降维与第 5 章中的哈希表示,都是希望提高图像特征表示能力、同时降低特征的维度,进而节约存储空间便于实现大规模图像数据的高效处理。因此,本书各章节内容存在逐层递进与相互依赖的关系。

第2章　深度表示模型的选择与设计

2.1　引　　言

知识表示是实现人工智能的一个核心问题。一个好的知识表示模型可应用于机器视觉、语音识别、自然语言处理、增强学习等众多领域。然而,到底哪种表示才是好的知识表示方法,却是一个复杂的问题。从广义的角度上来讲,一个好的图像表示方法应该具备以下几个特性:①可表示性,即对于某领域的图像具备良好的语义描述能力。②可解释性,图像特征表示的每个维度都具有人类可理解的特性。③可推广性,在某个数据集上学习到的特征,具备推广到其他数据上的通用表示能力。④可压缩性,图像的特征维度较低,所占的存储空间小,便于计算分析。

目前,图像表示方法主要分为两类:手工设计的表示方法和机器学习的表示方法。手工设计图像表示的方式可以高效、快速地提取图像特征,但需要领域知识。机器学习的方法以大数据驱动的方式自动学习表示方法,在数据充足的情况下,可以学习出性能更佳的表示模型。从目前的发展来看,利用基于学习的方法来得到图像表示已经成为一种趋势。特别是基于深度学习的图像表示方法,使得图像特征的表示能力显著增强,几乎已经可以达到和人类视觉系统相当的能力。但如果从一个好的知识表示方法的角度来审视基于深度学习的图像表示方法,该方法还远远没有达到人们所希望的要求。深度图像表示方法距离人类的神经系统表示机制还有很大差距,主要的差距可以总结为以下几个方面。

(1)推广性方面。目前基于深度学习的图像表示方法是基于某个数据集训练而得到的,该模型在训练数据集上表现优越,但换个场景后在其他数据上表现能力显著下降。同时,由于存在多种深度模型结构,因此在实际应用中如何选择一个优秀的模型在另一个领域进行使用,也存在缺乏选择依据的问题。

(2)解释性方面。虽然图像深度表示学习方法是利用数据驱动自动学习图像特征的技术,该方法不需要图像领域的先验知识。但模型结构对于图像表示能力具有巨大影响,如果要得到好的图像表示模型,需要设计大量不同的深度模型结构。目前,深度卷积神经模型已经达到了成百上千层结构,发明更优秀的结构并解释模型的原理变得越来越困难。同时,研究者发现:人脑的视觉系统并没有像深度神经网络那么多层结构。人脑视觉模型和深度表示模型在结构上存在的差异,使得设计新的深度模型结构更加困难。如何将生物类脑模型与深度模型形成统一的认知并更好地设计网络结构,也成为一个表示学习中的关键问题。

(3)压缩性方面。目前利用深度学习图像表示方法得到的特征维度依然较高,主流的卷积神经网络的特征都是 4 096 或者 2 048 维,这对于大规模图像数据快速处理分析依然存在很大障碍。

在本章中,我们对卷积神经网络模型结构的表示方法进行深入分析,对比分析不同模型以及不同模块层输出特征表示的优缺点,并从迁移学习的角度指出过拟合对于迁移表示学习带来的缺陷。同时,在本章中,结合人脑视觉模型给出一种深度模型模块化的设计方法,并通过实验验证了该设计方法的有效性。具体而言,创新性贡献可以归纳为以下三点。

(1)通过实验证明在图像检索和目标跟踪任务中,并非分类能力越强的深度模型其通用表示能力越强。相反,在不调整网络参数的条件下,在 ImageNet 上分类能力强的 ResNet 和 GoogleNet 其通用表示能力会明显下降。这为在其他任务上直接迁移深度网络构建表示模型时,为如何选择模型提供依据。

(2)针对深度模型结构设计缺乏指导的问题,利用类脑结构的思想提出一种模块化的卷积神经网络构建方法。具体地,利用卷积层、归一化层和最大池化层构建浅层模块,模拟人类视觉皮层的特征抽取功能,该模块具备非线性映射和降低维度功能;利用卷积层、归一化层和 ReLU 层构建深层模块,主要完成从中层特征到语义概念的映射功能。利用该方法在两个图像分类数据集合上的实验表明,所提方法不仅能够提高模型的分类精度,而且使其收敛速度也显著提高。

(3)针对本章所提的深度模型设计方法,在 MNIST 手写体数据集上得到分类精度最高的模型。同时,将该模型在美国国防部预研计划署和空军研究实验室联合发布的雷达目标识别数据上进行测试,实验结果超过其他多种方法,进而验证模型的有效性。

本章的后续内容组织如下:2.2节介绍深度卷积神经网络的基本结构组成;2.3节通过实验对比三种典型深度卷积网络模型的通用表示能力,给出深度模型选择的指导原则;2.4节阐述利用类脑结构思想模块化设计卷积神经网络的构建方法;2.5节在手写体识别和雷达目标识别数据集上,通过实验对深度模型结构设计方法进行性能分析;2.6节对本章工作进行小结。

2.2 卷积神经网络的基本结构

卷积神经网络(Convolutional Neural Networks,CNN)是一种受生物启发的多层神经网络模型。从 Hubel 和 Wiesel 对猫的视觉皮层研究开始,人类就认识到动物视觉皮层中包含简单细胞和复杂细胞。简单细胞对于感受视野(Receptive field)中的边缘十分敏感,复杂细胞对于感受视野中的位置信息具有局部不变性。受到生物视觉模型的启发,机器视觉领域出现了很多模拟生物视觉的仿生模型[36,50],而卷积神经网络就是其中最成功的一个模型。卷积神经网络依据生物视觉模型的启发,在模型设计中采用了局部连接和权值共享的策略。这种策略使得该模型与传统神经网络相比参数大大减少,学习效率明显提高。卷积神经网络结构一般包括卷积层、池化层、激活层、归一化层、损失层等基本结构。通过各个基本结构的组合,即可搭建深度卷积神经网络。

2.2.1 卷积层

卷积是数学上的一种操作,可以将两个信号混合成一个新的信息。对于灰度图像来说,输入的一个信号是灰度图像构成的二维矩阵信号,另一个信号是卷积核(一种滤波器)。将两个信号卷积后得到图像处理后的结果如图 2.1 所示。图 2.1(a)表示一个大小为 5×5 的单通道图像,图 2.1(b)表示一个 3×3 的卷积核矩阵,将两个矩阵进行卷积操作后,其结果如图 2.1(c)所示。在整个卷积过程中,卷积操作将对应的元素相乘再相加,得到输出结果。当图像左上角 3×3 区域与 3×3 的卷积核进行卷积操作时,得到的计算结果为 29。然后将图像的区域移动一个像素,再次与卷积核进行卷积操作,最终通过滑动操作框,得到最终的卷积结果。该卷积结果就是一个特征图（Feature map），如图 2.1(c) 所示。从卷积操作过程中，我们可以发现卷积操作具有局部不变性，即在卷积核覆盖内的图像，即使像素发生变化，其卷积后的结果依然可以保持不变。这种局部不变性正是构建鲁棒性特征的基本保证。

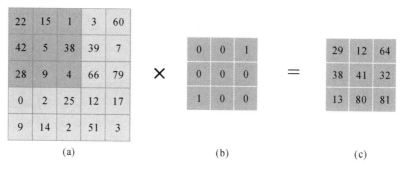

图 2.1　二维卷积操作示意图

通过以上的分析，我们对卷积已经有了直观的认识。更一般的情况下，彩色图像是一个三维矩阵（如 RGB 三个通道），而卷积核可以是多个。这样通过多个卷积核就可以得到多个特征图。假设原始输入图像为 $x \in \mathbf{R}^{H \times W \times D}$（其中 H 表示图像高度，W 表示图像宽度，D 表示通道个数）。假设卷积核为 $f \in \mathbb{R}^{H' \times W' \times D \times D''}$（其中 H' 表示滤波器高度，W' 表示滤波器宽度，D'' 表示卷积核个数）。根据以上定义，经过卷积操作后特征图 $y \in \mathbb{R}^{H'' \times W'' \times D''}$ 可以表示为

$$y_{i''j''d''} = v_{d''} + \sum_{i'=1}^{H'} \sum_{j'=1}^{W'} \sum_{d'=1}^{D} f_{i'j'd} \times x_{i''+i'-1, j''+j'-1, d', d''}. \tag{2.1}$$

式中，v 为偏置项。同时，通过选择不同的卷积核（不同滤波器），我们可以得到原始图像在不同卷积核操作下的结果。也就是说，我们通过不同的卷积核可以利用不同的滤波器发现原始信号在不同视角下的特征。例如，我们可以通过选择卷积核来得到原始图像的边缘信息、锐化信息（强调细节）、模糊信息（较少细节）等。图 2.2 中给出了不同卷积核参数条件下，对同一幅图像进行卷积后的结果对比。从图 2.2 中可以发现，不同的卷积核可以实现不同特征的抽取。而卷积神经网络通过学习的方式，获得了最能提取图像特征的卷积核参数，使得它的表达能力可以通过学习不断增强。这种通过学习卷积核实现特征抽取的方式，正是卷积神经网络具有极强表示能力的关键因素。通过大规模数据学习到的卷积核，也具备处理其他数据的推广适应能力。

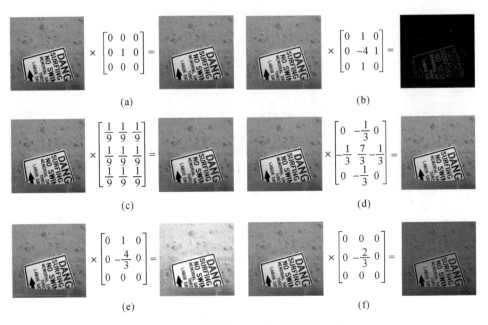

图 2.2　不同卷积核对图像卷积后的特征图

(a)保持不变;(b)边缘提取;(c)模糊平滑;(d)锐化增强;(e)变亮操作;(f)变暗操作

2.2.2　池化层

池化操作一般将输入特征图矩阵划分为几个不重合的区域,然后在每个区域上计算该区域内特征的均值或最大值。池化层可以使维度降低,同时还可以保持局部特征的不变性。常用的两种池化操作包括最大池化(Max Pooling,MP)和均值池化(Average Pooling,AP)。最大池化求取 $H' \times W'$ 区域内的最大响应值:

$$y_{i'',j'',d} = \max_{1 \leqslant i' \leqslant H', 1 \leqslant j' \leqslant W'} x_{i''+i'-1, j''+j'-1, d} \qquad (2.2)$$

均值池化求取 $H' \times W'$ 区域内响应值的平均值:

$$y_{i'',j'',d} = \frac{1}{W' H'} \sum_{1 \leqslant i' \leqslant H', 1 \leqslant j' \leqslant W'} x_{i''+i'-1, j''+j'-1, d} \qquad (2.3)$$

通常情况下,池化操作中常选择区域不重叠的方法,这样可以降低中间层特征维度。均值池化和最大池化操作对比如图 2.3 所示。

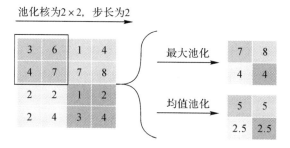

图 2.3 最大池化与均值池化操作示意图

2.2.3 激活层

由于卷积层和池化层都属于线性操作,其表达能力有限。而激活层通过引入非线性操作,大大提高了卷积神经网络的表示能力。目前,常用的非线性激活函数包括 Sigmoid 函数、ReLU(Rectified Linear Units,修正线性单元)函数、PReLU(Parametric Rectified Linear Unit,带参数的修正线性单元)函数等。

Sigmoid 非线性激活函数见下式:

$$y = \sigma(x) = \frac{1}{1 + \mathrm{e}^{-x}} \tag{2.4}$$

由于 Sigmoid 函数将任意范围的输入 x 压缩到 0~1 之间,因此很小的负数被映射到 0,很大的正数被映射成 1。虽然 Sigmoid 函数在早期的神经网络中广泛使用,但由于该函数在靠近 0 或 1 位置的导数为 0,使得反向传播算法难以计算,因此该函数具有一定的缺陷。

为了解决 Sigmoid 函数在反向传播算法中的缺陷,ReLU 函数被广泛使用。ReLU 函数十分简单,其表达式见下式。

$$y = \max(0, x) \tag{2.5}$$

同时,ReLU 函数的导数计算也比 Sigmoid 函数简单,这也大大降低了计算复杂度。

但 ReLU 函数在训练的时候很"脆弱",它可能导致神经元"坏死"。所谓神经元坏死是指:ReLU 在 $x < 0$ 时梯度为 0,这样就导致负的梯度在此处被置零,进而使得该神经元有可能再也不会被任何数据激活。如果这个情况发生,那么这个神经元之后的梯度将永远是 0,不会再对任何数据有所响应。

PReLU 就是用来解决 ReLU 坏死问题的一种改进方法,该方法将激活函数写成一个分段函数:

$$y = \begin{cases} x & x > 0 \\ \alpha x & x \leqslant 0 \end{cases} \tag{2.6}$$

在输入大于 0 的部分保留和 ReLU 一样的操作,而对于输入小于 0 的部分,则设定了一个斜率 α。通过这种操作,既修正了数据分布,又保留了一些负轴的数值,使得负轴信息不会完全丢失。但在实际应用中,PReLU 对于模型提高的精度并不是十分显著,因此 ReLU 依然是激活函数中最常用的方法。图 2.4 中,给出了 Sigmoid 函数、ReLU 函数和 PReLU 函数的曲线示意图。

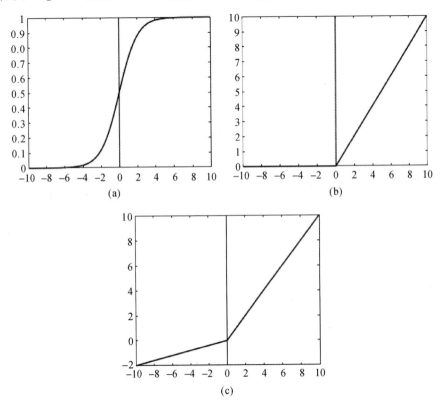

图 2.4　Sigmoid、ReLU 和 PReLU 激活函数的示意图
(a)Sigmoid 激活函数;(b)ReLU 激活函数;(c)PReLU 激活函数

2.2.4　归一化层

数据归一化(Data Normalization)一般都是在数据处理开始时进行预处理。

但由于卷积神经网络的多层结构,如果中间特征不进行有效的归一化处理,那么无法保证多层特征的可学习性。批量归一化(Batch Normalization,BN)通过将数据分批进行归一化的方法,解决了大规模数据正则化的难题[52]。假设批量数据为 T ,则 BN 方法首先计算 T 个特征图的均值和方差。均值 μ_k 和方差 σ_k^2 的计算方法为

$$\mu_k = \frac{1}{HWT} \sum_{i=1}^{H} \sum_{j=1}^{W} \sum_{t=1}^{T} x_{ijkt} \tag{2.7}$$

$$\sigma_k^2 = \frac{1}{HWT} \sum_{i=1}^{H} \sum_{j=1}^{W} \sum_{t=1}^{T} (x_{ijkt} - \mu_k)^2 \tag{2.8}$$

根据均值 μ_k 和方差 σ_k^2 ,可以对输入特征图进行归一化。特征图输出为

$$y_{ijkt} = w_k \frac{x_{ijkt} - \mu_k}{\sqrt{\sigma^2 + \varepsilon}} + v_k \tag{2.9}$$

式中,w_k 和 v_k 为归一化层的参数,可以通过学习算法获得。

2.2.5　损失层

由于卷积神经网络可以适用于多种视觉任务,而不同任务的损失函数又存在很大差异。因此,卷积神经网络的损失层出现了各种形式,如 Hinge loss、Softmax log loss、Contrastive loss 和 Triplet loss 等。但在各种损失函数中,最常用的是在多类分类任务中使用的 Softmax log loss 损失。假设多类分类任务共包括 C 个类别,则 Softmax log loss 可表示为

$$l(x, c) = -\ln \frac{e^{x_c}}{\sum\limits_{k=1}^{C} e^{x_k}} = -x_c + \ln \sum_{k=1}^{C} e^{x_k} \tag{2.10}$$

2.3　模型结构设计与表示能力

卷积神经网络从最早的 LeNet 到现在的集成模型程,经历了从简单到复杂,再从复杂到简单的发展过程。卷积神经网络的模型结构逐渐加深,其表达能力也逐渐增强。

2.3.1　从 LeNet 到 VGGNet

LeNet 的设计方法是利用卷积神经网络基本模块中的卷积层、均值池化层

和 Sigmoid 激活层进行依次排列,构建的最早的卷积神经网络[37]。由于当时计算机的计算能力有限,该网络只包括 5 个参数层(卷积层),但该网络是第一个成功应用的卷积网络,给卷积神经网络模型结构设计奠定了重要的设计基础。2012 年,AlexNet 依照 LeNet 的设计结构,将模型堆叠到 8 个参数层(5 个卷积层和 3 个全连接层)[43]。同时,AlexNet 用最大池化代替了均值池化,用 ReLU 代替了 Sigmoid 使得网络训练更加容易收敛。AlexNet 利用 GPU 在大规模图像分类数据集 ImageNet[53]上进行训练,取得了 2012 年 ImageNet 图像分类比赛冠军,并使得识别结果得到大幅提高。2013 年,Overfeat 模型与 AlexNet 模型结构十分相似,同样拥有 5 个卷积层和 3 个全连接层,区别是 Overfeat 的滤波器数量更多,所以准确度略有提升。2014 年,VGGNet 使用了更小的卷积核,将卷积神经网络的参数层增加到 19 层(16 个卷积层和 3 个全连接层),使得模型表示能力进一步提高[54]。同在 2014 年,谷歌设计的 GoogleNet 提出 Inception 模型,将参数层增加到 22 层,其中包括 3 个卷积层和 9 个 Inception 层(每层相当于 2 个卷积层)以及 1 个全连接层。同时 GoogleNet 将卷积神经网络的单通道模式推广到有向图多通路模式,使得模型不仅变得更深还同时变"胖"[55]。

2.3.2　从 ResNet 到集成模型

随着卷积神经网络模型层数(深度)的不断增加,其模型参数也不断增长,这使得模型的表示能力得到不断增强。但在模型深度达到一定程度后,反向传播算法在求解模型参数过程中很难收敛。模型求解中遇到的问题使得更深的模型很难训练,进而使得更深的网络不能得到更高的识别精度。2015 年,何凯明等提出了 ResNet 模型[40],该模型巧妙地利用"残差"映射改善了模型优化中梯度弥散的难题,使得模型可以达到几百层到 1000 多层。ResNet 模型层数的增加,带来了模型识别能力的显著提升。更重要的是,ResNet 结构中设计理念的改变,让人们对于卷积神经网络模型结构得到了重新认识。从 ResNet 开始,卷积神经网络模型又出现了多种在 ResNet 模型上的改进方案。

Veit 等认为:ResNet 的强大表示能力并不是因为其模型深度更深,而是因为该网络存在多条通路可以认为是多个浅层网络组成的集成模型[56]。FractalNet 方法指出残差模型可以进一步推广成分形结构,而并非一定使用"残差"结构[57]。RiR(ResNet in ResNet,残差网络中的残差网络)方法提出将两个或者多个残差结构嵌套形成更深网络的方法[58]。RoR(Residual networks of Residual networks,残差网络的残差网络)方法提出在原始残差网络的基础上通过增加跨层连接的方法提高模型学习能力[59]。DenseNet 方法提出让每一层的输入来自前面所有层的输出的方式提高模型精度[60]。宽度残差网络（Wide ResNet）方法提出利用增加宽度（特征图个数）的方法来减少残差网络深度的改进策略[61]。金字塔残差网络（Pyramidal ResNet）方法提出利用逐渐增加特征图数量的方式提高模型表达能力[62]。但从本质上来说，这些方法都是 ResNet 推广到集成模型的不同组合形式，没有本质性差异。图 2.5 给出了基本 ResNet 单元、改进的 ResNet 单元、Wide ResNet 单元和 Pyramidal ResNet 单元的结构示意图。从图 2.5 中可以看出，这些方法的差异其实并不大，但却具有一个通用的特点，即通过将浅层特征直接传递给深层特征，使得特征得到"重用"。这种特征重用机制大大扩展了模型表示能力，同时使得模型训练在反向传播中更加容易训练。

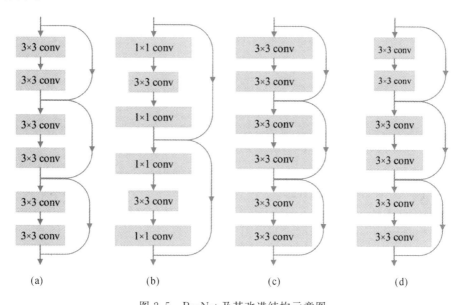

图 2.5　ResNet 及其改进结构示意图
(a)基本 ResNet；(b)改进 ResNet；(c)Wide ResNet；(d)Pyramidal ResNet

2.3.3　模型结构与迁移学习能力分析

虽然从 AlexNet 到 ResNet 模型在分类任务上的精度逐渐增高，但从图像表示的角度来看，并不能保证分类模型精度越高其模型表示能力就越强。特别是在模型的实际应用中，在很多情况下并不具备重新训练网络参数的条件，只能直接使用预先训练好的模型作为图像表示的通用模型。在这种情况下，是否更深的模型会比相对较浅的模型更好?哪个模型才是更具备通用表示能力的网络模型?传统机器学习中的过拟合现象是否会导致分类高的模型,其表示推广能力下降?对于以上问题在本小节中,笔者将通过实验对 VGGNet、GoogleNet 和 ResNet 模型的表示能力进行推广性测试,分析不同模型的通用表示能力。测试中包括两项迁移任务:

任务一:将训练好的分类模型迁移到图像检索任务中。

任务二:将训练好的分类模型迁移到视频目标跟踪任务中。

在任务一实验过程中,笔者将 VGGNet[54]、GoogleNet[55] 和 ResNet[48] 网络的最后一个卷积层输出作为图像特征进行图像检索实验。由于以上三个网络的结构不同,三个网络的最后卷积层输出特征维度也有所不同。其中,VGGNet 的最后一个卷积层输出特征为 4 096 维,GoogleNet 的最后一个卷积层输出特征为 1 024 维,ResNet 的最后一个卷积层输出特征为 2 048 维。在检索实验过程中,笔者利用三个图像检索数据集 Holidays[63]、Oxford5k[64] 和 Paris6k[65] 来评估三个网络的输出特征的检索性能。检索过程中利用 Cosine 距离来度量相似度,利用 MAP(Mean Average Precision,均值平均精度)来度量检索结果的优劣。

检索实验结果如表 2.1 所示,GoogleNet 的最后一个卷积层输出特征在 Paris6k 和 Oxford5k 数据集上检索精度最高,分别达到 68.59% 和 46.55%。VGGNet 的最后一个卷积层特征在 Holidays 数据集上表现最好,其检索精度达到 75.39%。而分类精度最高的 ResNet 模型所输出的最后一个卷积层特征,其检索能力却很低。这说明,ResNet 作为集成模型存在过拟合现象,过度适应于分类任务数据集,其模型表示的推广能力受到限制。

表 2.1　三个图像检索数据集的 MAP 精度　　　　　　单位:%

方　　法	Paris6k[65]	Oxford5k[64]	Holidays[63]
VGGNet[54]	60.51	40.63	75.39
GoogleNet[55]	68.59	46.55	74.19
ResNet[48]	52.66	38.52	62.61

另外,笔者将三个网络模型在三个数据集上的检索精度进行了平均,结果如图 2.6 所示。从图 2.6 可以看出,19 层的 VGGNet 和 22 层的 GoogleNet 要比 152 层的 ResNet 更具有通用表示能力,因此在迁移应用(不具备重新训练条件)深度卷积神经网络模型时,应该优先选择层数较少的 VGGNet 或者 GoogleNet

模型。

在任务二实验过程中,笔者利用文献［66］的方法进行跟踪迁移能力测试。实验设置和文献［66］保持一致。不同的是,笔者这里测试 VGGNet[54]、GoogleNet[55] 和 ResNet[48] 三个深度模型的中间层特征迁移到目标跟踪数据集上的通用表示能力。其中,VGGNet 模型使用中间层 relu1_2、relu2_2、relu3_4、relu4_4 和 relu5_4 五层特征。GoogleNet 模型使用中间层 conv1x、norm2、icp2_out、icp7_out 和 icp9_out 五层特征。ResNet 模型使用中间层 conv1xxx、res2cx、res3b7x、res4b35x 和 res5cx 五层特征。三个网络每层的名称保持和网络原始命名方式一致,选择各层的位置均处于下采样尺度变小的位置。笔者选择视频目标跟踪数据集在线目标跟踪基准(OTB)[67] 进行测试。该数据集包括 51 段目标跟踪视频数据,包含了大量尺度变化、目标变形、遮挡、运动模糊等问题。

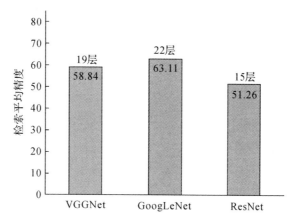

图 2.6　深度模型迁移检索能力对比

目标跟踪实验中,笔者使用覆盖率(Overlap Precision,OP)、距离精度(Distance Precision,DP)和中心误差率(Center Location Error,CLE)作为评价指标。OP 表示目标真实区域与跟踪目标区域覆盖率大于阈值 0.5 的百分比。DP 表示目标跟踪中心与实际目标中心距离小于 20 个像素值的百分比。CLE 表示跟踪过程中,目标跟踪中心与实际目标中心的平均距离。

在表 2.2 中,笔者给出了不同模型中间层特征在 51 段视频目标跟踪实验结果。表 2.2 中的实验结果表明,VGGNet 网络的跟踪性能最好,平均 OP 达到 83.8%。分类精度更高的 ResNet 网络,将其特征迁移到目标跟踪任务中,其跟踪精度平均 OP 只有 48.7%。而 GoogleNet 在目标跟踪任务中表现得更差,其跟踪精度平均 OP 只有 30.6%。其主要原因可能是,多通路模型中间层存在大量冗余信息,造成迁移困难。

表 2.2　不同模型中间层特征在 51 段视频上的跟踪效果对比　单位:%

方　法	平均 OP	平均 DP	平均 CLE
VGGNet[54]	83.8	89.5	15.6
GoogLeNet[55]	30.6	43.3	43.0
ResNet[48]	48.7	61.5	34.1

除此之外,笔者对比了三种模型在目标跟踪任务中的成功率曲线(见图 2.7)和距离精度曲线(见图 2.8)。成功率曲线表示重叠率阈值取不同值时的成功率,图 2.7 所示图例中的数值代表每种方法的成功率曲线与坐标轴围成的区域面积(Area Under the Curve,AUC),成功率曲线反映了跟踪算法的重叠精度。距离精度曲线表示中心误差阈值取不同值时的距离精度,图 2.8 所示图例中的数值代表每种方法在中心误差阈值取 20 个像素时的距离精度值,距离精度曲线反映了跟踪算法对目标中心的定位精度。

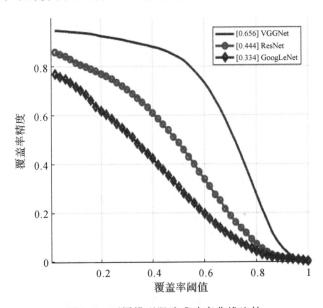

图 2.7　不同模型跟踪成功率曲线比较

从图 2.7 可以看出,VGGNet 网络可以获得最好的 AUC 精度,数值为 65.6%,而 ResNet 模型的 AUC 精度仅为 44.4%。从图 2.8 可以看出,在中心误差阈值取 20 个像素时,VGGNet 网络可获得最好的跟踪性能。这再次说明,

ResNet 和 GoogleNet 的中层特征的通用表示能力要比 VGGNet 低。综上所述，笔者可以得到一个重要的结论：分类精度好、层数深的卷积神经网络，存在过拟合问题[①]，在新的数据中模型表示能力反而下降。这个结论可以作为在不具备重新训练模型条件下，选择更具备通用表示能力模型的重要依据。

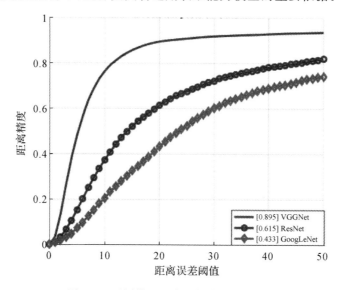

图 2.8　不同模型跟踪距离精度曲线比较

2.4　基于类脑结构的表示模型

2.4.1　人脑视觉结构模型

虽然卷积神经网络模型的最初设计灵感来自生物视觉神经结构[29]，但随着卷积神经网络的结构越来越复杂，生物视觉结构和卷积神经网络的结构出现了一些差异。人类对大脑视觉机制的认知表明，灵长类动物大脑中有超过 50% 的脑细胞参与视觉处理。其中有些大脑中的视觉功能区域人们已经有所了解，但依然有很多区域是未解之谜。根据目前对灵长类视觉系统的了解，依据组织

---

① 该过拟合主要由 ResNet 和 GoogleNet 模型在 ImageNet 数据集上过度适应，造成对其他数据集适应能力减弱造成。

染色的结果以及神经元的种类与连接方式划分,视觉皮层主要包括 6 个区域,分别为:V1,V2,V3,V4,V5,V6。

(1)V1 区又称作初级视觉皮层或纹状皮层,大约包含 1.4 亿个神经细胞和 100 亿个连接关系。该区域的主要功能是发现图像中对比度差异较强的信息(如边缘信息)[68]。通过显微镜观察该区域的细胞,人们发现该部分细胞中可以看到类似条纹的结构。同时这种细胞数量比较多,大约占人脑细胞总数的 5%。Hubel 等人[3]发现的"简单细胞"与"复杂细胞"就位于 V1 层中。

(2)V2 区位于 V1 区前侧,和 V1 区有大量交叉覆盖区域。该区域接收 V1 区传递过来的信息,对于定位信息、空间频率颜色信息、注意力信息等有调节机制[69]。同时 V2 区接受的图像信号是 V1 接受信号的镜像图像。

(3)V3 区位于 V2 的前方,接受来自 V1、V2 区的输入,并将信息投射到后顶叶皮层[70]。V3 区是人类第二个重要的视觉运动信息加工区,负责整个视野的运动加工。但 V3 区其运动选择性不高,同时 V3 区还具有深度信息感知和部分颜色感知功能。有些学者认为静止物体的视觉信息不会经过该区域。

(4)V4 区主要接受来自 V2 区的信息,但也有部分信息直接来自 V3 和 V1 区域。V4 区对于物体的形状、方向、空间位置和注意调节具有感知能力。同时有研究发现,V4 区的损害会导致全色盲,患者不但不能看见或认识彩色世界,甚至连之前所曾见过的色彩是什么样子都回忆不起来[71]。

(5)V5 区是最重要的运动信息处理区域,主要负责捕获复杂运动信息(如光流形成)。V5 区直接接收来自 V1、V2 和 V3 区的信息[72]。V5 区受到损害会造成运动盲,即无法看到运动的世界,而当物体处于静止状态时该物体可见。

(6)V6 区对于大范围的运动信息敏感,可以获得物体轮廓的运动信息[73]。

根据目前的双流假说(Two-streams hypothesis)[74],视觉信息处理分为两个分支,其中一个流负责处理识别任务,另一个流负责确定目标运动位置。负责静态图像表示识别任务的视觉皮层主要包括 V1、V2 和 V4,负责动态信息获取的主要包括 V1、V3、V5 和 V6。从以上的分析可知,如果只考虑静止图像,那么可以不考虑 V3、V5 和 V6 区域的运动信息功能。那么,我们可以利用 V1、V2 和 V4 构建人脑静态视觉信息表示模型,如图 2.9 所示。

2.4.2 类脑卷积模块设计

从图 2.9 可以发现,人脑的静态视觉组织只有五层,而目前卷积网络模型结构达到上千层。这就促使我们重新思考,类脑结构与卷积神经网络模型结构的设计是否能够统一。对于这个问题,在学术界存在很多不同的观点,如卷积神经网络的发明人 Yann LeCun 就表示:没有必要让两种结构保持完全一致,只要功能一致就可以。就像飞机的制造最初是模仿鸟类的飞行方式,但最终的飞机并没有会煽动的翅膀,取而代之的是螺旋桨与喷气发动机,但这并不影响飞机的功能。笔者认为,类脑结构还是有必要一致的,至少对于大脑的深入思考,可以帮助我们不断完善模型设计,得到更好的结果。因此,我们试图给出大脑结构与卷积神经网络模型的一种一致性假设。

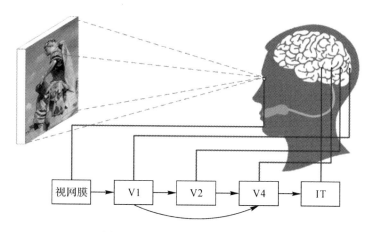

图 2.9　人脑静态视觉信息表示模型

该假设认为"感受视野"是一个不断变换的区域。当我们看到大范围区域时,感受视野就会变大,使我们看到更多的信息。当我们观察局部小范围时,感受视野就会变得很小,让我们看清细节。在这个基本假设的基础上,我们认为复杂细胞与简单细胞的功能并不是单一的。因此,在卷积网络与人脑视觉网络对应的过程中,我们需要将卷积网络的多个基本单元组合。

不仅如此,深入思考生理机制,我们可以在卷积神经网络中设计出更加多的功能单元,比如对应人类视觉显著性机制的显著层模块。笔者认为,显著模块应该位于生物视觉的"中间层",而在这种机制的帮助下,我们应该可以得到更好的网络结构和识别结果。

为了设计出类脑结构的卷积神经网络结构体系,本章尝试利用模块组合的方式来构建新型的卷积神经网络结构模型。根据文献[75]的研究表明,常见的卷积神经网络的基本组合模块包括:卷积层 + 平均池化层,卷积层 + ReLU + 平均池化层,卷积层 + ReLU + 归一化层 + 平均池化层,卷积层 + 最大池化层。因此,我们提出两种新的基本模块用于构建新的卷积神经网络结构。

卷积层 + 归一化层 + 最大池化层:该模块可以模拟人类视觉皮层的特征

抽取功能,同时具备非线性映射和降低维度功能。

卷积层 ＋ 归一化层 ＋ReLU 层:该模块用于深层卷积神经网络结构模型的特征抽取,主要完成从中层特征到语义概念的映射功能。

2.5　实验结果与分析

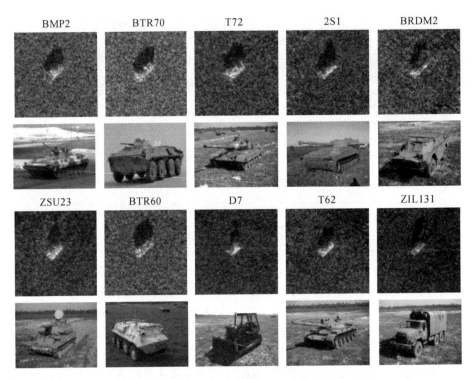

图 2.10　十类目标的 SAR 图像和对应光学图像示例

2.5.1　数据集和评估方法

为了验证模块组合设计方法的有效性,我们分别针对 MNIST 数据集和 MSTAR 数据集进行测试。MNIST 数据集①来自于 250 个不同人手写的数字

---

① http://yann.lecun.com/exdb/mnist/

构成,其中 50％ 的手写数字来自高中学生,50％ 的手写数字来自人口普查局工作人员。MNIST 数据集包括 0 到 9 十类手写体数字的灰度图片,每张图像尺度为 $28\times28＝784$ 维,模型训练过程中 60 000 张样本用于训练,10 000 张样本用于测试。MSTAR 数据集来自于美国国防部预研计划署和空军研究实验室联合资助的运动和静止目标获取与识别计划,数据为实测 SAR(实测合成孔径雷达)地面静止目标数据。该数据集包含 X 波段聚束式 SAR 采集得到的十类目标(BMP2、BTR70、T72、2S1、BRDM2、ZSU23、BTR60、D7、T62、ZIL131)图像数据。图 2.10 给出了 MSTAR 数据集十类目标的 SAR 图像(目标方位角约 45°度方向)和对应的光学图像示例。从图 2.10 可以看出,十类目标 SAR 图像覆盖了从 0°到 360°的不同方位角,同时由于 SAR 目标的散射结构导致同一目标在不同方位角下差异巨大。此外,MSTAR 数据集中同一目标还可能存在着不同的结构变体(如 BMP2、T72),因此正确识别全部目标十分困难。

2.5.2　实验设置

整个实验过程在 Matlab 2015a 上进行,计算机的主要配置为 Intel（R）Core(TM) i5－ 690 CPU (3.50GHz),16 GB DDR3。

卷积神经网络模型的初始化参数为随机值,范围是 $[-0.01,0.01]$。训练过程中采用最小批量(mini－batch)梯度下降法,利用带动量(momentum)的反向传播方法更新模型参数。训练过程中的批量参数为 100,动量为 0.9,学习率初始值为 0.3,当训练精度不再增加时,学习率变为原始学习率的 1/3,模型共迭代训练 30 轮。

2.5.3　实验结果分析

针对 MNIST 数据集合,依据以上基本模块的构建方式,我们可以简单地通过堆叠多个浅层模块和深层模块的方式,方便地构建深度卷积神经网络。如图 2.11 所示,该图为针对 MNIST 数据集合构建的深度模型结构示意图。该模型的具体组成如表 2.3 所示。为防止网络训练出现过拟合,我们在网络模型中加入两个 Dropout 层,Dropout 的比例系数分别为 0.4 和 0.1。模型最后一层为全连接层(Fully connected layer)。从表 2.3 可以看出,设计的网络输入层为 28×28 的灰度图像,除了第一个卷积层为 5×5 的滤波器,模型中的其他卷积层都采用 3×3 的滤波器,最大池化层采用非重叠方法,尺度大小为 2×2。如果从传统设计的角度,我们需要设计 18 层的网络结构,如果从模块化的角度,我们设计的卷积神经网络模型为 2 个浅层模块 ＋ 3 个深层模块。

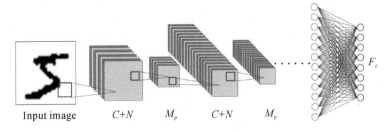

图 2.11　卷积神经网络结构

表 2.3　MNIST 数据分类模型结构

层　数	类　型	输出尺度	滤波器尺度/步长
1	Convolutional	$20 \times 24 \times 24$	$5 \times 5/1$
2	Normalization	$20 \times 24 \times 24$	—
3	Max pooling	$20 \times 12 \times 12$	$2 \times 2/2$
4	Convolutional	$40 \times 10 \times 10$	$3 \times 3/1$
5	Normalization	$40 \times 10 \times 10$	—
6	Max pooling	$40 \times 5 \times 5$	$2 \times 2/2$
7	Convolutional	$150 \times 3 \times 3$	$3 \times 3/1$
8	Normalization	$150 \times 3 \times 3$	—
9	ReLU	$150 \times 3 \times 3$	—
10	Convolutional	$150 \times 1 \times 1$	$3 \times 3/1$
11	Normalization	$150 \times 1 \times 1$	—
12	ReLU	$150 \times 1 \times 1$	—
13	Dropout(rate 0.4)	$150 \times 1 \times 1$	—
14	Convolutional	$150 \times 1 \times 1$	$1 \times 1/1$
15	Normalization	$150 \times 1 \times 1$	—
16	ReLU	$150 \times 1 \times 1$	—
17	Dropout(rate 0.1)	$150 \times 1 \times 1$	—
18	Fully connected	10	—

图 2.12(a)给出了模型训练和测试过程中目标函数随迭代次数的下降曲线。从图 2.12(a)我们可以看到,目标函数随着迭代次数的增加明显下降,说明本模型的收敛性十分优越。图 2.12(b)给出了迭代次数与错误识别率在训练和测试数据上的关系曲线。从图 2.12(b)可以看出,经过 29 轮迭代,模型就能够在测试数据集上将错误识别率降低到 0.47%。

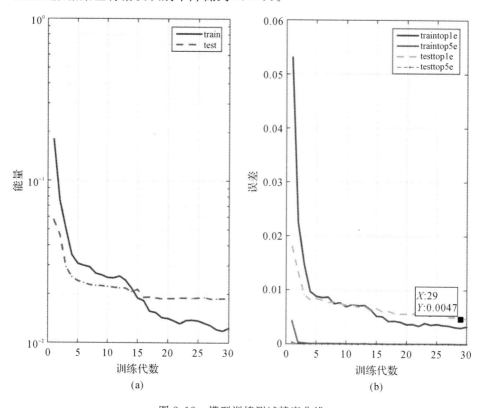

图 2.12 模型训练测试精度曲线

为了验证我们构建深度卷积神经网络模型方法的有效性,我们将构建的卷积神经网络模型与其他 10 个模型[75-84]的实验结果进行比较,如表 2.4 所示。实验中,所有的模型都没有使用数据增广方法,在原有的 MNIST 数据集上进行训练。我们的模型达到了最低的错误识别率 0.47%,该精度超过了历史最高的单模型方法[75](该模型的错误识别率为 0.53%)。我们所设计的模型的高识别精度,充分说明了模型设计方法的有效性和特征表示的优越性。同时,由于本方法没有使用数据增广,本方法显著提高了训练的效率。在训练过程中,本方法设计的深度模型训练过程只需要 34.8 min,这比文献 [85] 中的集成模型方法要快几十倍(该方法利用多块 GPU 并行训练了 35 个深度模型耗时 14 h)。

表2.4　不同模型在 MNIST 数据集上的识别精度(错分率)

Method	Test error
Srivastava et al.[76]	1.05%
Salakhutdinov et al.[77]	0.95%
Ranzato et al.[78]	0.60%
Maxout NET[79]	0.94%
Goodfellow et al.[80]	0.91%
Deng et al.[81]	0.83%
Rifai et al.[82]	0.81%
Hinton et al.[83]	0.79%
Zeiler et al.[84]	0.59%
Jarrett et al.[75]	0.53%
本文方法	0.42% (0.47%±0.05%)

为了进一步验证本章模型设计方法的有效性,我们针对雷达图像 MSTAR 数据集进行识别测试。依据以上设计原则,雷达识别网络主要由 4 个浅层模块再接 2 个深层模块构成,见表2.5。网络输入数据为 128×128 的 SAR 目标图像,输出类别个数根据分类任务不同为 3 或 10。

表2.5　DeepSAR‐Net 的网络结构设计

层　数	类　型	滤波器尺度/步长	输出尺度
1	Convolutional	5×5/1	20×124×124
2	Normalization	—	20×124×124
3	Max pooling	2×2/2	20×62×62
4	Convolutional	3×3/1	50×60×60
5	Normalization	—	50×60×60
6	Max pooling	2×2/2	50×30×30
7	Convolutional	3×3/1	100×28×28
8	Normalization	—	100×28×28
9	Max pooling	2×2/2	100×14×14
10	Convolutional	3×3/1	200×12×12

续　表

层　数	类　型	滤波器尺度/步长	输出尺度
11	Normalization	—	$200 \times 12 \times 12$
12	Max pooling	$2 \times 2/2$	$200 \times 6 \times 6$
13	Convolutional	$3 \times 3/1$	$400 \times 4 \times 4$
14	Normalization	—	$400 \times 4 \times 4$
15	ReLU	—	$400 \times 4 \times 4$
16	Convolutional	$4 \times 4/1$	$500 \times 1 \times 1$
17	Normalization	—	$500 \times 1 \times 1$
18	ReLU	—	$500 \times 1 \times 1$
19	Fully connected		3 or 10

　　为了验证雷达识别模型的有效性,我们设计了两种不同的学习策略,依据两种策略得到的模型分别称作 DeepSAR 和 DeepSAR - F:

　　DeepSAR:该模型直接利用网络结构,其初始化参数为随机参数。由于参数随机,当训练数据不足时,使得模型在训练过程中收敛困难,容易陷入局部最优解。

　　DeepSAR - F:该模型依据调优策略进行训练。首先利用一个大规模雷达图像数据集合对模型进行预训练,得到初始化参数。当得到初始化参数后,再对具体的雷达图像分类任务进行网络参数调优。该方法扩展了数据集,使得初始化参数更加合理,因此容易得到更好的结果。

　　实验过程中,训练迭代 30 轮,DeepSAR 初始化参数在 $[-0.01, 0.01]$ 之间。训练过程中采用批量随机梯度下降算法,批量大小为 100,学习率为 0.01。由于现有方法大多以 BMP2、BTR70、T72 三类目标为评测对象,故我们分别对三类目标和十类目标的总体分类精度进行比较。

　　三类雷达目标分类结果如图 2.13 所示,该图为三类雷达目标分类混淆矩阵,对角线元素表示分类正确的样本数量,非对角线元素表示错分样本数量。从图 2.13 可以看出,BTR70 可以被 DeepSAR 和 DeepSAR - F 方法完全正确识别。而 BMP2 和 T72 被 DeepSAR 方法错分的概率为 6.12% 和 6.48%,被 DeepSAR - F 错分概率为 2.3% 和 1.81%。DeepSAR 方法中,BMP2 和 T72 类别错误率较高的主要原因是:这两个类别内的目标变化较大,特别是训练样本和测试样本目标存在较大差异,这使得其识别精度受到一定影响。而我们的 DeepSAR - F 方法由于使用了全部数据集的预训练参数,在优化调优过程中更容易收敛到全局最优值,因此可以得到更好的结果。

	DeepSAR(94.97%)			DeepSAR-F(98.36%)		
	BMP2	BTR70	T72	BMP2	BTR70	T72
BMP2	368	21	3	383	7	2
BTR70	0	196	0	0	196	0
T72	19	6	361	0	7	379

图 2.13　DeepSAR 和 DeepSAR-F 方法在三类目标上分类结果

为了验证本方法的有效性,在三类雷达目标分类实验中,我们选择了九种方法进行对比实验,这些方法包括:SVM[86],MSRC[87],KLR[88],KLSF[89],CKLR1[90],CKLR2[90],DL[91],RBM[92]和 $L_{1/2}$-RBM[93]。在十类雷达目标分类实验中,我们选择了八种方法进行对比实验,这些方法包括:SVM[86],MSRC[87],KLR[88],KLSF[89],CKLR1[90],CKLR2[90],DL[91]和 CNNs[94]。其中 DL,RBM,$L_{1/2}$-RBM 和 CNNs 是深度学习的方法。三类雷达目标分类不同方法识别精度实验结果如表 2.6 所示,精度最高的方法用黑体标出。从表 2.6 中可以看出,我们的 DeepSAR-F 方法取得了最佳的识别精度,这再次说明本方法在小规模样本情况下的有效性。

表 2.6　三类雷达目标分类不同方法识别精度（%）

SVM	MSRC	KLR	KLSF	CKLR1	CKLR2	DL	RBM	$L_{1/2}$-RBM	DeepSAR	DeepSAR-F
93.33	93.22	95.75	96.1	96.61	97.22	90.1	96.63	95.31	94.97	98.36

十类雷达目标分类任务是一个更具挑战的问题,由于类别增加模型必须有足够的判别能力才能正确识别更多的目标。我们设计的 DeepSAR 和 DeepSAR-F 方法在十个类别上的目标分类混淆矩阵如图 2.14 所示。从图 2.14 可以看出,大多数雷达目标可以被正确分类。在表 2.7 中,我们给出本方法与其他八种方法在十类雷达目标分类任务的对比结果。从表 2.7 中可以看出,DeepSAR 和 DeepSAR-F 方法的识别精度分别为 98.15% 和 99.54%,大大超过了其他方法。除此之外,我们提出的 DeepSAR 和 DeepSAR-F 方法在更具挑战的十类分类任务中,比在三类分类任务中表现更好。而其他方法如 DL,CKLR2,CKLR1,KLSF,KLR,MSRC,SVM 分别下降 5.4%,0.56%,0.77%,1.22%,1.33%,0.3% 和 7.54% 的识别精度。产生这种现象的主要原因是其他方法的模型承载能力有限,而本方法的网络结构具有更好的表示学习能力。

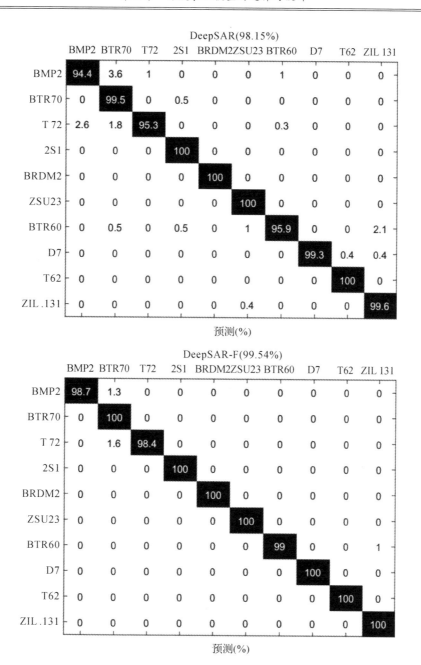

图 2.14 DeepSAR 和 DeepSAR－F 方法在十类目标上分类结果

表 2.7　十类雷达目标分类不同方法识别精度（%）

SVM	MSRC	KLR	KLSF	CKLR1	CKLR2	DL	CNNs	DeepSAR	DeepSAR-F
85.88	92.92	94.42	94.88	95.84	96.66	84.7	92.3	98.15	99.54

2.6　本章小结

　　图像表示学习能力是一把双刃剑,我们希望得到具有高精度且高适应度的表示模型往往很难,它受到模型结构与泛化能力的制约。本质上来说,这种特性与人脑结构的特性也是一致的。解决这个问题的本质是需要更大的数据来学习,让模型做到即专长又通用。如果从通用性上来考虑,在没有广泛学习的基础条件下,不建议迁移使用专长较好的网络。本章通过实验验证了选择深度卷积网络模型的基本假设,通过分析指出分类精度好的模型在其他任务中会存在不适应性,这为模型选择提供了指导原则。同时本章类比人脑视觉模型与深度卷积神经网络模型结构,提出了一种模块化的卷积神经网络构建方法。该方法可以实现高效的深度卷积神经网络模型设计,同时具有快速收敛与高识别精度的特性。实验结果表明,本章所提的模型设计方法可以在 MNIST 手写体数据集和 MSTAR 雷达目标识别数据集上取得较高的识别精度。

第3章 深度迁移特征跃层表示方法

3.1 引　　言

　　大量的研究表明,在大规模图像数据集上学习出来的深度卷积神经网络模型,适用于多项视觉任务[45]。但另一方面,研究人员也发现,卷积神经网络的表示能力同样存在"敏感性"。人们通过在原始图像上加入噪声的方法,就可以轻松骗过高识别精度的卷积神经网络模型[95]。同时,在实际应用过程中,将训练好的高精度卷积神经网络在另一个数据集上进行特征提取时,模型的表示能力会显著下降。这种"不适应"现象的产生,说明卷积神经网络特征表示能力在推广性上存在一定缺陷。为了解决模型推广表示能力不足的问题,在新的数据集上重新训练调优(Fine tuning)原始网络参数成为一个重要的解决方法。但由于模型参数重训练调优过程往往需要构建新的有标签数据集,需要耗费大量的数据采集时间、数据标注时间和模型训练时间,这使得模型的调整耗费大量成本。因此,在卷积神经网络模型使用过程中,学者们开始关注在零样本条件下(即不重新调整网络参数的情况下),在原始网络中通过某种编码机制提高模型表示能力的新方法。

　　早期,利用卷积神经网络学习的模型进行特征提取时,学者们大多选择深层卷积神经网络特征(如最后一个全连接层特征)作为图像的全局描述特征。例如,Razavian 等人利用在 ImageNet 上训练的卷积神经网络作为特征提取模型对新的图像数据进行特征抽取并实现图像检索。该方法通过深度卷积神经网络自动提取图像特征,取得了超过传统局部特征的检索效果[45]。Babenko 等人利用卷积神经网络最后一个全连接层特征进行简单的 PCA 降维编码,得到了更加鲁棒的图像特征表示方法[96]。Gong 等人利用图像多个区域进行多尺度无序池化(Multi-scale Orderless Pooling,MOP),再将全连接层的特征进行向量局部聚集编码(Vector of Locally AggregatedDescriptors,VLAD),实现了更加鲁棒的特征表示[97]。

近年来,关于使用卷积神经网络最后一个全连接层输出特征作为图像描述符的方法开始被人们重新思考。既然卷积神经网络是一个深度模型,中间卷积层的输出是否可以有效表达图像内容呢? Babenko 等人的研究表明:由于卷积层特征依然可以保留图像的二维空间信息,利用最后一个卷积层输出的特征,可以得到比全连接层更好的表达效果[98]。Kalantidis 等人在文献 [98] 的基础上利用加权的方法将响应更大的区域进行了进一步强化,进一步提高了特征描述能力[99]。Paulin 等人提出了一种在卷积核网络(Convolutional Kernel Networks,CKN)基础上构建分块描述符的方法,该方法使得深度特征更加鲁棒[100]。Tolias 等人提出利用卷积层输出构建区域最大激活卷积编码(Regional Maximum Activation of Convolutions,RMAC)的方法[101],该方法将多区域特征图进行编码表现出十分优异的性能,并在图像检索上取得了非常高的检索精度。

虽然,利用卷积层单层的输出进行特征编码可以得到更加鲁棒的图像描述符。但单层特征的描述能力依然有限,无法进一步提高表示能力。根据 1970 年 David Marr 提出的生物视觉分层表示模型[4]的启示,经典的 SIFT 特征[102]综合利用了多尺度信息构建出高斯差分金字塔模型。最近,Liu 等人将多尺度多层深度特征用于目标检测[103],取得了非常好的目标检测效果。Ng 等人将多尺度卷积特征进行 VLAD 编码,构建了一种新的图像检索方法[104]。从以上多层多尺度特征描述方法中可以看出,深度图像表示对于多层描述的方法才刚刚开始,多层特征的天生优势可能还没有被深度表示模型充分发挥出来。如何将多层多尺度特征组合使用,进而得到更加鲁棒的图像特征表示,依然是一个开放性问题。

除了图像检索领域,最近视频目标跟踪领域也开始关注深度特征的迁移使用。视频目标跟踪技术也是机器视觉领域一个重要的研究课题,可以被广泛的应用于行为识别、人机交互、自动驾驶和视频智能监控系统等众多领域[105]。虽然视频目标跟踪技术经过多年的研究发展,但由于现实视频目标跟踪过程中存在大量的关照变化、运动模糊、遮挡等问题,稳定的目标跟踪技术依然很难实现。

在众多的跟踪方法中,利用跟踪目标特征构建的相关滤波判别(Discriminant Correlation Filter,DCF)方法表现出了优秀的跟踪性能[67,106]。DCF 方法通过将图像空间相乘操作转化为频域卷积操作,大大提高了目标位置预测速度[107]。但 DCF 目标跟踪方法的跟踪性能依赖于被跟踪目标的特征表示方法,传统的颜色、纹理等目标表示方法很难满足鲁棒性跟踪的要求[108]。目前,表示能力强的手工特征已经被广泛用于 DCF 目标跟踪,如梯度特征

HOG[6]和 CN（Color Naming，颜色命名）特征[109]以及多特征融合表示方法[110]。但由于受手工特征描述能力的限制，依然难以满足实际复杂环境的需求[111]。

由于卷积神经网络特征具有非常强的表示能力，将卷积神经网络学习的特征与 DCF 跟踪相结合构建鲁棒的目标跟踪方法成为可能。Danelljan 等人的实验表明，在 DCF 跟踪方法中使用浅层卷积神经网络特征可以得到更好的跟踪效果[112]。Ma 等人提出利用三个卷积层特征分别进行 DCF 跟踪的方法，进一步提高了跟踪精度[113]。然而，文献［112］和文献［113］方法的描述能力依然有限，无法解决目标跟踪中的尺度变化问题[114,115]。如何综合利用卷积神经网络的跃层特征更好地描述兴趣目标，进而解决目标跟踪中的难题依然值得进一步研究。

在本章中，我们将对零学习样本条件下，直接迁移的卷积神经网络多尺度多层卷积特征表示能力进行研究。一方面，在图像检索任务中，通过将多尺度多层深度特征进行综合编码，提出了一种深度跃层特征编码表示方法。同时，通过对比分析发现，由于不同层特征的表示能力存在差异，简单融合多层特征对于描述能力提升有限。因此，我们设计了一种基于对冲的非参数加权特征融合方法，该方法可以进一步提高跃层特征描述能力。另一方面，我们将卷积神经网络跃层表示方法与传统 HOG 特征相结合，设计了一个基于相关滤波视频目标跟踪框架的新方法，该跟踪方法成功提高了视频目标跟踪的精度。具体而言，我们的创新性贡献可以归纳为以下三点。

（1）针对图像检索任务，提出了一种深度跃层特征编码表示方法。该方法利用多尺度区域最大激活特征充分发挥了卷积神经网络多层特征的潜力，使得特征描述能力显著提高。

（2）针对卷积神经网络多层特征描述能力强弱不同的现象，提出了一种对冲多尺度特征的自适应加权方法。该加权方法可以使得深度跃层特征更好地融合，进一步提高图像检索的精度。

（3）针对视频目标跟踪任务，提出了一种基于深度跃层特征的目标跟踪方法。该方法利用卷积神经网络输出的五层特征构建目标描述模型，利用 HOG 特征构建目标尺度模型，在相关滤波框架下显著提高了目标跟踪的精度。

本章的后续内容组织如下：3.2 节阐述深度跃层特征编码表示方法和对冲多尺度特征加权方法；3.3 节通过实验对深度跃层编码在图像检索任务中的性能进行评估；3.4 节阐述深度跃层特征目标跟踪方法；3.5 节在目标跟踪数据集合上，通过实验对深度跃层特征目标跟踪方法进行性能分析；3.6 节对本章工作进行小结。

3.2 深度跃层特征编码表示方法

假设在不具备重新学习网络参数的零样本条件下,我们使用在大规模数据 ImageNet 上训练的网络,直接迁移模型参数用于特征提取。根据第 2 章讨论的模型通用表示能力,我们选择迁移推广能力较强的 VGG－16[54] 模型。在模型使用中,如果直接利用该卷积神经网络提取特征,需要将图像大小缩放到网络要求的尺寸,如 VGG－16 网络要求输入图像大小为 224×224。为了让网络可以适用于大小不同的图像,我们将该网络的全连接层全部去除,使其变成一个全卷积网络。这样该网络就可以将任意尺度的图像送入网络进行特征提取。假设 I 表示一个输入图像,该图像的大小为 $M \times N$。经过 VGG－16 网络,某个卷积层 (ReLU 之后) 输出的特征图表示为 X,则该特征图可以转换成一个大小为 $H \times W \times K$ 的张量。其中 H 和 W 表示每张特征图的高度和宽度,而 K 表示特征图的数量 (通道个数)。卷积神经网络生成的特征结构示意图如图 3.1 所示。

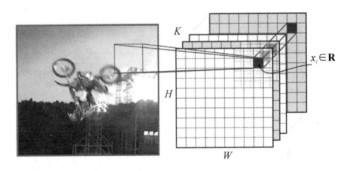

图 3.1 卷积神经网络生成的特征结构示意图

3.2.1 多尺度区域最大激活编码特征

假设 X_k 表示某个卷积层的第 k 个特征图,该特征图包含 $H \times W$ 个响应值 $k \in \{1, \cdots, K\}$。因此,该特征图的最大响应值可以表示为:

$$f = [f_1 \cdots f_k \cdots f_K]^{\mathrm{T}}, \text{with} f_k = \max_{x \in X_k} x \tag{3.1}$$

如果我们在特征图 X 中选择一个区域 R_i 来提取该区域的最大响应值,则式 (3.1) 可以表示为

$$f_{R_i} = \left[f_{R_i,1} \cdots f_{R_i,k} \cdots f_{R_i,K}\right]^{\mathrm{T}}, \text{with} f_{R_i,k} = \max_{x \in R_i,k} x \qquad (3.2)$$

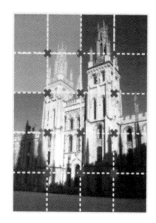

图 3.2　3 个不同尺度($l=1 \cdots 3$)采样示意图

在每个特征图中,区域的选择方法如图 3.2 所示。我们根据特征图的区域进行不同尺度的分割,同时不同尺度之间包含 40% 的区域重叠。最终,我们将所有区域的响应值进行累加得到一个特征向量:

$$F_j = \sum_{i=1}^{N} f_{R_i} = \left[\sum_{i=1}^{N} f_{R_i,1} \cdots \sum_{i=1}^{N} f_{R_i,k} \cdots \sum_{i=1}^{N} f_{R_i,K}\right]^{\mathrm{T}} \qquad (3.3)$$

式中,j 表示特征图的层数,F_j 表示区域最大激活响应值,N 表示所有区域的数量。而最终的图像特征 F_j 的维度等于图像特征图的数量 K。

通过以上方法,我们可以将一个卷积层输出的特征图编码成一个特征向量。同理,我们可以对多层的特征图进行同样的操作,得到多个卷积层的特征编码。值得注意的是,由于卷积神经网络的串联结构,中间多个卷积层的特征图在图像送入卷积神经网络过程中是必须计算的。因此,使用多个中间卷积层特征图和使用最后一层卷积特征图构建特征所用的计算量几乎是相同的,并没有增加过多计算量。对于多层特征的选择,我们采用最简单的一种策略,直接选择在卷积神经网络中具有不同尺度的多个卷积层输出,进行统一的特征编码。每个尺度的特征图分别进行最大激活卷积编码,最终拼接成一个特征向量,该方法的示意图如图 3.3 所示。我们将这个特征命名为多尺度区域最大激活编码特征(Multi - Scale Regional Maximum Activation of Convolutions,MS - RMAC)。因此,MS - RMAC 特征可以表示为

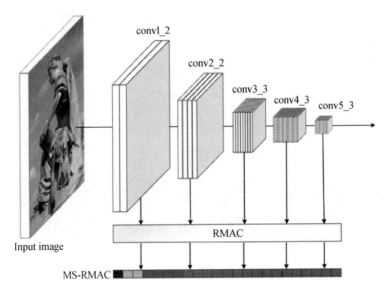

图 3.3 MS－RMAC 特征提取过程示意图,多层 RMAC 特征被拼接成一个向量

$$MF = \left[F_1 \cdots F_j \cdots F_L \right] \qquad (3.4)$$

式中,MF 表示 MS－RMAC 特征向量,L 表示总共使用的卷积层的数量。MS－RMAC 特征 MF 的最终维度等价于总共使用的卷积层中的特征图的数量总和。在得到 MF 特征后,我们对该特征进行 l_2 归一化,然后该特征即可作为图像的鲁棒特征表示。如果用于图像检索等任务,即可通过该特征的欧式距离进行相似度度量:

$$d(q,p) = \parallel MF(q) - MF(p) \parallel = \sum_{j=1}^{L} \alpha_j \parallel F_j(p) - F_j(q) \parallel \qquad (3.5)$$

式中,$d(q,p)$ 表示两个图像 p 和 q 特征之间的距离,α_j 表示不同卷积层之间的权重。同时,权重满足 $\sum_{j=1}^{L} \alpha_j = 1$。

3.2.2　对冲多尺度特征加权方法

根据式(3.5)可知,图像的多尺度区域最大激活编码特征之间的距离是各层卷积特征编码距离的加权融合。在实际应用中,如何设计一个合理的权重成为一个重要问题。在本小节中,我们给出一种自动的权值计算方法,可以进一步在度量特征相似度时,提高图像特征的表达能力。以图像检索为例,我们假设每层卷积特征作为一个独立的"专家"可以单独完成图像检索任务。如果多层特征一

起使用,则会得到一个联合多个"专家"实现的检索结果。而相对于全部特征一起使用的查询结果,单独使用每层特征的检索精度会和总的检索精度之间存在一定的差异。因此,我们采用对冲方法,利用多次迭代的方式计算权重[116]。对冲方法被广泛应用于决策理论之中,是一种自适应的高效权值估算方法。

在第 t 轮估算中,我们假设对冲算法计算的权重为 $\alpha_t = (\alpha_{1,t}, \cdots, \alpha_{L,t})$。根据该权重每个"专家" j 的损失,如下式所示:

$$\ell_{j,t} = S_{j,t} - S_t \tag{3.6}$$

式中,$S_{j,t}$ 表示使用单层卷积特征的检索精度。S_t 表示使用所有层卷积特征并用第 t 次得到的加权方法得到的检索精度。通过以上两个检索精度的差异,我们可以计算每个专家的后悔度,如下式所示:

$$r_{j,t} = \bar{\ell}_{j,t} - \ell_{j,t} \tag{3.7}$$

式中,所有专家的加权平均损失可以表示为 $\bar{\ell}_{j,t} = \sum_{j=1}^{L} \alpha_{j,t}\ell_{j,t}$。

通过最小化前 t 轮每个专家 j 的累计后悔度 $R_{j,t} = \sum_{\tau=1}^{t} r_{j,\tau}$,权值 $\alpha_t = (\alpha_{1,t}, \cdots, \alpha_{L,t})$ 即可被计算出来[116]。同时,从以上的计算过程可以看出,对冲多尺度特征权重计算方法只需设置计算次数 t,没有其他超参数需要设置,这可以保证算法更方便高效地计算出合适的权重。

3.3　深度跃层编码表示方法性能分析

3.3.1　数据集和评估方法

我们利用 Holidays[63]、Oxford5k[64] 和 Paris6k[65] 三个图像检索数据集来评估本章 MS-RMAC 方法。Holidays 数据集中包括 500 个类别共 1 491 张图像,检索过程中每个类别的第一张图像作为查询图像,剩余的 991 张图像作为检索结果图像。Oxford5k 数据集和 Paris6k 数据集分别包括 5 063 张和 6 412 张图像,这两个数据集都包括 55 张查询图像。与 Holidays 数据集不同,这两个数据集中都给出了每个图像中兴趣目标的标注信息,同时提供该区域正确查询结果的标注信息。使用数据集提供的兴趣目标区域标注信息,可以进一步提高检索精度,但在实际应用的检索系统中,检索图像是没有兴趣区域标注的,因此我们在实验中也忽略兴趣目标的标注信息,直接利用整幅图像作为查询对象。

在整个的实验过程中,我们利用 Cosine 距离来度量相似度,利用 MAP(Mean Average Precision)来度量检索结果的优劣。MAP 的定义如下式所示:

$$\text{MAP} = \bar{P}(r) = \sum_{i=1}^{Nq} \frac{P_i(r)}{Nq} \qquad (3.8)$$

式中,$\bar{P}(r)$ 指查全率为 r 时的平均查准率,$P_i(r)$ 指查全率为 r 时的第 i 个查询的查准率,Nq 为查询的样本数量。

3.3.2   实验设置

实验过程中,我们在 Matlab 2016a 环境下使用 MatConvNet 工具箱[117]构建卷积神经网络模型。计算机配置环境为 Intel (R) Core (TM) i5-4690 CPU (3.50GHz),16 GB DDR3。实验过程中,Holidays[63]数据集所有图像被缩放到 760×760 的相同尺度,Oxford5k[64] 和 Paris6k[65] 所有图像保持原始尺度不变。我们使用 VGG-16 模型[54]提取各层卷积层特征,根据 VGG-16[54]模型各层的命名规则,我们选择五个卷积层的输出进行 MS-RMAC 特征编码,这五层分别为:conv1_2,conv2_2,conv3_3,conv4_3 和 conv5_3(ReLU 后的输出)。最终编码后的 MS-RMAC 特征维度为 1 472 维,该维度为五层特征所有特征图数量的总和。其中,conv1_2 产生 64 维度,conv2_2 产生 128 维度,conv3_3 产生 256 维度,conv4_3 产生 512 维度,conv5_3 产生 512 维度。式(3.6)和式(3.7)中的超参数 t 设置为 $t = 1$。根据对冲方法计算出的三个数据集合的权重系数分别为:Holidays 是 (0, 0, 0.0218, 0.2389, 0.7392),Oxford5k 是 (0, 0, 0.0031, 0.2006, 0.7981),Paris6k 是 (0, 0, 0.006, 0.1626, 0.8315)。

3.3.3   实验结果对比分析

我们将本方法与十种目前性能较好的深度特征表示方法进行对比。这十种方法分别是:CNN-ss[118],Neural codes [96],MOP [97],OxfordNet[118],SPoc [98],CroW [99],Patch-CKN[100],Conv-VLAD [104],NetVLAD [119]和 RMAC[101]。实验对比结果如表 3.1 所示。

表 3.1   MS-RMAC 方法与其他方法检索精度对比

检索方法	维　度	Holidays[63]	Oxford5k[64]	Paris6k[65]
CNN-ss[118]	32-120k	76.9	55.6	69.7
Neural codes[96]	4096	79.3	54.5	38.6

续 表

检索方法	维　度	Holidays[63]	Oxford5k[64]	Paris6k[65]
MOP[97]	2048	80.2	——	——
OxfordNet[118]	256	71.6	53.3	67.0
SPoe[98\]	256	80.2	58.9	
CroW[99]	512	84.9	68.2	79.6
Patch－CKN[100]	65536	79.3	56.5	
Conv－VLAD[104]	128	81.6	59.3	59.0
NetVLAD[119]	1024	86.5	66.9	75.7
RMAC[101]	512	85.1†	68.3†	77.4†
MS－RMAC	1472	85.2	58.9	71.9
MS－RMAC*	1472	86.7	68.9	77.6

在表 3.1 中,实验精度最高的实验结果用黑体表示,次高的实验结果用下划线表示。RMAC† 表示根据作者代码重新测试的结果,该结果没有使用 PCA 白化过程。MS－RMAC 表示我们的多尺度等权重方法,MS－RMAC * 表示我们的多尺度对冲加权方法。在对比的十种方法中,NetVLAD[119] 方法在 Holidays 数据集上检索精度最高,精度为 86.5 MAP。但由于 NetVLAD[119] 方法需要进行二次训练,因此需要大量的训练时间。而我们设计的对冲加权的 MS－RMAC * 方法,在 Holidays 数据集上精度达到最高 86.7 MAP,超过了需要训练的 NetVLAD 方法。除此之外,MS－RMAC * 方法在 Oxford5k 数据集上,精度达到最高为 68.9 MAP。在 Paris6k 数据集上,MS－RMAC * 方法精度为 77.6 MAP,仅次于 CroW[99] 方法。这些实验结果表明,本方法通过多层多尺度方法可以进一步提高深度特征的描述能力,在图像检索任务上得到了较好的结果。

3.3.4　特征性能分析

为了进一步分析我们提出的多层特征的有效性,我们利用不同卷积层特征($conv1\_2,conv2\_2,conv3\_3,conv4\_3,conv5\_3$)分别进行检索性能测试。图 3.4、图 3.5、图 3.6 分别给出了不同层特征编码在三个数据集上检索精度的测试结果。从图3.4、图3.5、图3.6中可以看出,检索精度随着层数的加深而不断增加,这充分说明深层特征更加重要。同时,如果将多层特征等权重简单拼接,其检索精度只能在 Holidays 数据集上得到较好的精度。造成等权重 MS－RMAC 特征在 Oxford5k 和 Paris6k 上精度下降的主要原因是:浅层特征(如 conv1_2)给组合特征带来了负面影响,使得综合后的特征能力有所下降。

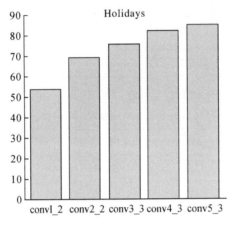

图3.4 Holiday 数据集不同层 RMAC 特征检索能力对比

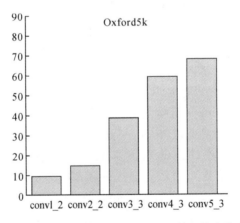

图3.5 Oxford5k 数据集不同层 RMAC 特征检索能力对比

因此,通过使用对冲加权的 MS－RMAC＊特征可以得到更好的效果,其主要原因包括以下两个方面。第一,利用多层的 RMAC 特征,其图像表示能力比单层特征更强。在某种意义上,该多层特征同时具备语义描述和细节描述能力,对于光线变化、形状变化、尺度变化、遮挡等问题具有鲁棒性。第二,通过对冲加权方法,MS－RMAC＊特征的深层和浅层描述符得到更加合理的有效组合,进一步提升了该特征的描述能力。

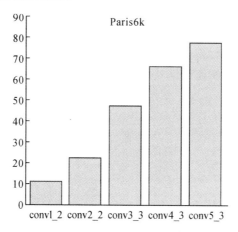

图 3.6　Paris6k 数据集不同层 RMAC 特征检索能力对比

3.4　深度跃层特征目标跟踪方法

在本节中,我们将卷积神经网络的跃层表示与传统 HOG 梯度特征充分融合,将它们整合到相关滤波跟踪框架中,实现了一种高精度的目标跟踪方法。该目标跟踪方法性能的提高,主要是利用了深度特征多层联合表示的特性,进一步提高了被跟踪目标的描述能力。

3.4.1　相关滤波目标跟踪原理

相关滤波跟踪方法,通过在线学习一个判别分类模型来估计视频中运动目标的位置中心 DCF。一个典型相关滤波跟踪器,首先需要构建一个目标模版 w,该目标模版用于预测视频运动目标 x 的中心位置。假设视频中运动目标 x 的长宽为 $M \times N$,在该区域内部假设 $x_{m,n}$ $(m,n) \in \{0,1,\cdots,M-1\} \times \{0,1,\cdots, N-1\}$ 对应该视频目标的每一个像素位置。假设该区域目标中,目标的每个像素都可以估计出一个以目标中心为高斯分布的密度函数,且该高斯函数的标签为 $y_{m,n}$。那么,相关滤波跟踪方法就是希望通过最优化方法,使得估计的预测位置中心函数与目标真实标注位置概率函数差异最小。通过最小化输出误差平方和学习参数 w,其优化目标如下式所示:

$$w^* = \underset{w}{\arg\min} \sum_{m,n} \| \varphi(x_{m,n}) \cdot w - y_{m,n} \|^2 + \lambda \| w \|_2^2 \qquad (3.9)$$

式中,$\lambda(\lambda \geqslant 0)$是正则化参数,通过调节该参数可以有效调节模型并防止过拟合。φ表示通过视频目标模型估计目标位置的映射函数。相关滤波跟踪方法在求解过程中,通常利用快速傅里叶变换方法将原始优化问题转化到频域中计算,这样可以大大提高计算速度。变换到频域中后,原始的优化目标式(3.9)将变为以下形式:

$$w = \sum_{m,n} a(m,n)\varphi(x_{m,n}) \qquad (3.10)$$

式中,系数 a 的定义为

$$A = F(a) = \frac{F(y)}{F(\varphi(x) \cdot \varphi(x)) + \lambda} \qquad (3.11)$$

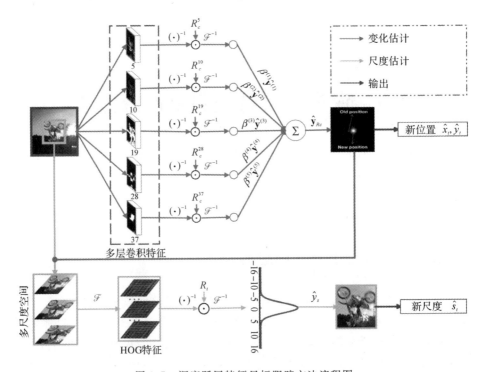

图 3.7　深度跃层特征目标跟踪方法流程图

在式(3.11)中,$y = \{y_{m,n} \mid (m,n) \in \{0,1,\cdots,M-1\} \times \{0,1,\cdots,N-1\}\}$表示在视频目标区域范围内每个目标像素估计的中心位置响应值概率,符号?表示离散傅里叶变换操作。因此,通过以上的推导,目标跟踪问题即可转变为在

某大小为 $M \times N$ 的区域 z 内,计算其目标最大响应值的问题:

$$\hat{y} = F^{-1}(A \odot F(\varphi(z) \cdot \varphi(\hat{x}))) \tag{3.12}$$

式中, $\hat{x}$ 表示通过学习得到的目标外观模型, $\odot$ 表示点乘(Hadamard product)操作。在视频目标跟踪过程中,目标中心位置预测过程就是估计密度分布($\hat{x}_t$, $\hat{y}_t$)中最大响应值的位置 $\hat{y}$。

利用相关滤波跟踪框架,我们将卷积神经网络的各层特征通过跃层重组,分别估计一个目标位置,然后通过加权融合确定最终的目标位置。同时,除了估计目标位置以外,我们还利用一个 HOG 特征来快速估计目标的尺度变换,在跟踪过程中实现了目标位置与尺度的同步更新。深度跃层特征目标跟踪方法的流程图如图 3.7 所示。

3.4.2　目标的位置估计方法

图 3.7 所示目标跟踪的外观模板 R_c 为蓝色矩形框区域。假设该模板大小为 $M \times N$,该跟踪模板包含了目标的描述区域,可以有效描述被跟踪目标的内容。因此,我们将该区域信息送入卷积神经网络模型 VGG-19[54] 中进行特征提取。特征提取过程中,首先将大小为 $M \times N$ 的模板区域,通过双线性插值缩放到模型规定的尺寸 224×224。然后,我们提取该网络的五个卷积层输出作为特征描述,这五层特征分别为:conv1_2, conv2_2, conv3_3, conv4_3, conv5_3(经过 ReLU 后的卷积层特征图)。由于以上五层特征经过卷积神经网络后,得到的特征图尺度不同,我们再分别将每个特征图缩放到 $M/4 \times N/4$ 大小。

针对每个特征图,可以通过相关滤波跟踪方法得到一个响应图 $\hat{y}^{(l)}$。因此,我们可以根据五个响应图进行加权融合得到最终的目标跟踪位置。我们通过可视化方法(见图 3.8)观察五层特征图的特点发现:浅层特征图关注图像的细节信息,而深层特征图关注图像的语义信息。因此,我们在设定权重时,给深层特征图赋予的权重更大。最终的跟踪位置响应图 $\hat{y}_{R_c}$,可以根据五个响应图的加权求和获得:

$$\hat{y}_{R_c} = \sum_{l=1}^{5} \beta^{(l)} \hat{y}^{(l)} \tag{3.13}$$

式中, $\beta^{(l)}$ 表示不同响应图 $\hat{y}^{(l)}$ 的权重。最终跟踪的位置($\hat{x}_t$, $\hat{y}_t$)可以根据最终响应图 $\hat{y}_{R_c}$ 中响应最大的点获得。

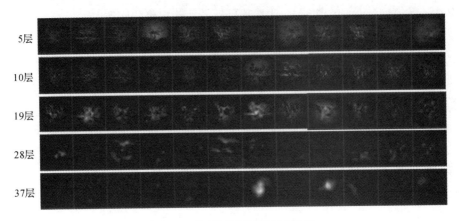

5层

10层

19层

28层

37层

图 3.8　不同层特征图可视化效果

3.4.3　目标的尺度估计方法

在目标尺度估计过程中,假设尺度模板为 R_t,如图 3.7 中黄色方框内的区域所示。该模版根据目标新的中心位置 $(\hat{x}_t, \hat{y}_t)$ 构建。为了得到目标的尺度变换,我们利用 HOG 特征构建模版,采用文献[11]方法构建尺度估计差分金字塔。跟踪过程中尺度差分金字塔以 $(\hat{x}_t, \hat{y}_t)$ 为中心,假设 $P \times Q$ 表示目标尺度,而 K 表示估计尺度的总个数,则:

$$S = \left\{ \theta^n \mid n = \left[-\frac{K-1}{2} \right], \left[-\frac{K-3}{2} \right], \cdots, \left[\frac{K-1}{2} \right] \right\} \quad (3.14)$$

式中, θ 表示不同特征之间的尺度因子。对于每个尺度 $s \in S$,我们分别以 $(\hat{x}_t, \hat{y}_t)$ 为中心,提取不同尺度下图像区域 J_s,每个尺度图像区域大小为 $sP \times sQ$。

然后,所有尺度图像被缩放到同一个尺度 $P \times Q$,而 HOG 特征被用来构建尺度金字塔。假设 $\hat{y}_s$ 表示相关滤波器对于模板 R_t 对于尺度区域模板 J_s 的响应,则最佳的尺度大小 $\hat{s}$ 可以表示为:

$$\hat{s} = \underset{s}{\operatorname{argmax}}(max(\hat{y}_1), max(\hat{y}_2), \cdots, max(\hat{y}_K)) \quad (3.15)$$

3.4.4　模型更新策略

在目标跟踪过程中,视频两帧之间的外观变化往往大于尺度变化,因此我们首先更新外观模板,得到新的目标位置 $(\hat{x}_t, \hat{y}_t)$。然后根据新的目标位置 $(\hat{x}_t, \hat{y}_t)$,再更新目标尺度模型。外观模板 R_c 和尺度模板 R_t 根据学习率 η 进行更新：

$$\hat{x}^t = (1-\eta)\hat{x}^{t-1} + \eta x^t \tag{3.16}$$

$$\hat{A}^t = (1-\eta)\hat{A}^{t-1} + \eta A^t \tag{3.17}$$

3.5　深度跃层特征目标跟踪实验分析

3.5.1　数据集和评估方法

为了评估我们的跟踪算法的有效性,我们在大规模视频目标跟踪数据集[67]上进行测试,该数据集包括 51 个目标跟踪数据,共计 29 184 帧。在该数据集合中,视频包含了众多极具挑战情况,如目标外观变化、光照变化、尺度变化、遮挡、运动模糊、背景杂乱、低分辨率、快速运动等问题。

实验中我们使用覆盖率（Overlap Precision, OP）、距离精度（Distance Precision, DP）和中心误差率（Center Location Error, CLE）作为评价指标。OP 表示目标跟踪位置与实际目标所在位置覆盖率大于 0.5 的百分比。DP 表示目标跟踪中心与实际目标中心距离小于 20 个像素值的百分比。CLE 表示跟踪过程中,目标跟踪中心与实际目标中心的平均距离。

3.5.2　实验设置

实验过程中,我们在 Matlab2016a 环境下使用 MatConvNet 工具箱 MatConvNet 对目标跟踪区域提取深度特征,计算机配置环境为 Intel（R）Core（TM）i5 – 4690 CPU（3.50GHz）,16 GB DDR3。目标模板尺度设置为尺度模板的 1.8 倍。式(3.13)中 conv1_2, conv2_2, conv3_3, conv4_3, conv5_4 的系数 $\beta = [0.00002, 0.000054, 0.01355, 0.30830, 0.67758]$,该系数通过多次实验评估获得。尺度估计过程中,式(3.14)中的尺度空间个数 $K = 27$,尺度缩放因子 θ 设置为 1.035。式(3.16)中的学习率 η 设置为 0.01。在模型更新过程中,使用线性核 $k(x, x') = x^T x'$ 进行模型 R_c 和 $\hat{R}_t$ 的更新预测,但其他核函数如高斯核也可以在实际应用中进行使用。

3.5.3 实验结果对比分析

我们将深度跃层目标跟踪方法与 11 种目标跟踪方法进行对比,这 11 种方法分别为:Struck[120],KCF[107],SRDCF[121],SAMF[110],TGPR[122],RPT[123],HCFT[113],DSST[114],CN[109],CSK[124]和 PCOM[125]。另外,我们还对所有方法进行了跟踪速度测试,所有的结果如表 3.2 所示,实验中精度最高的用黑体表示,次高的实验结果用下划线表示。为了更加清晰地对比不同方法在每段视频的跟踪效果,在表 3.3 中我们给出了不同方法在每段视频上的覆盖率精度。

表 3.2　不同跟踪方法速度与精度对比

Evaluation	Ours	Struck	KCF	SRDCF	SAMF	TGPR	RPT	HCFT	DSST	CN	CSK	PCOM
平均 OP/%	83.8	54.3	62.4	78.4	73.3	66.6	71.2	74.0	67.4	51.7	44.3	42.5
平均 DP/%	89.5	64.1	74.3	83.8	79.0	74.3	81.4	89.1	74.3	63.7	54.4	50.0
平均 CLE（像素）	15.6	54.3	35.4	35.1	28.4	45.8	36.5	15.7	40.9	64.1	88.8	78.0
平均速度（FPS）	1.41	9.46	300	7.8	25.1	0.7	5.23	1.54	49.2	260	409	24.3

表 3.3　跟踪方法与其他方法在每段视频上覆盖率精度 OP 对比表

序列	Ours	Struct	KCF	SRDCF	SAMF	TGPR	RPT	HCFT	DSST	CN	CSK	PCOM
busketball	0.993	0.199	0.883	0.412	0.959	0.966	0.577	0.999	0.673	0.807	0.874	0.120
bolt	0.971	0.017	0.951	0.014	1.000	0.014	0.014	0.963	1.000	1.000	0.017	0.014
boy	1.000	0.977	0.992	1.000	0.995	0.987	0.992	0.990	1.000	0.955	0.842	0.432
cart	0.997	0.395	0.367	1.000	1.000	0.423	0.384	0.399	1.000	0.276	0.276	1.000
carDark	0.982	1.000	0.723	1.000	1.000	0.997	0.985	0.901	1.000	1.000	0.992	1.000
carScale	0.623	0.433	0.444	0.841	0.667	0.444	0.865	0.444	0.849	0.448	0.448	0.647
coke	0.928	0.918	0.722	0.643	0.825	0.893	0.821	0.914	0.821	0.474	0.739	0.048
couple	0.857	0.607	0.243	0.821	0.536	0.307	0.657	0.736	0.107	0.107	0.086	0.107
crossing	0.983	0.392	0.933	1.000	1.000	0.975	0.992	0.942	1.000	0.908	0.317	0.333
david	0.845	0.236	0.614	0.989	0.955	0.817	0.864	0.605	1.000	0.622	0.236	0.395

续 表

序列	Ours	Struct	KCF	SRDCF	SAMF	TGPR	RPT	HCFT	DSST	CN	CSK	PCOM
david2	0.922	1.000	1.000	1.000	1.000	0.998	1.000	0.924	0.996	1.000	1.000	1.000
david3	1.000	0.337	0.992	1.000	1.000	0.996	1.000	1.000	0.532	0.833	0.627	0.615
deer	1.000	1.000	0.817	1.000	0.887	0.986	1.000	1.000	0.789	1.000	1.000	0.028
dog1	1.000	0.649	0.653	1.000	0.821	0.668	0.904	0.653	1.000	0.653	0.653	0.804
doll	0.996	0.688	0.527	0.997	0.835	0.723	0.990	0.729	0.997	0.725	0.218	0.982
dudek	0.997	0.978	0.976	0.992	1.000	0.930	0.975	0.976	0.986	0.962	0.947	0.959
faceocc1	0.913	1.000	1.000	1.000	1.000	0.984	0.992	0.945	1.000	1.000	1.000	1.000
faceocc2	0.999	1.000	0.996	0.936	0.980	0.999	0.999	1.000	0.998	0.626	1.000	0.761
fish	1.000	1.000	1.000	1.000	1.000	1.000	1.000	1.000	1.000	0.399	0.042	0.504
fleetface	0.692	0.608	0.668	0.663	0.736	0.641	0.673	0.612	0.704	0.586	0.676	0.765
football	0.972	0.622	0.666	0.878	0.782	0.945	0.674	0.975	0.699	0.638	0.657	0.425
football1	1.000	0.716	0.959	0.392	0.811	0.973	0.757	1.000	0.419	0.500	0.392	0.568
freeman1	0.794	0.203	0.163	0.626	0.313	0.224	0.488	0.285	0.215	0.144	0.144	0.291
freeman3	0.400	0.217	0.276	0.685	0.241	0.076	0.596	0.283	0.330	0.330	0.330	0.872
freemanf	0.883	0.170	0.184	0.876	0.481	0.187	0.385	0.470	0.470	0.173	0.170	0.148
girl	0.996	0.358	0.756	0.778	0.912	0.872	0.728	0.974	0.314	0.468	0.398	0.190
ironman	0.602	0.036	0.157	0.030	0.133	0.084	0.066	0.602	0.133	0.133	0.127	0.042
jogging−1	0.967	0.222	0.225	0.971	0.967	0.225	0.225	0.964	0.225	0.225	0.225	0.225
jogging−2	1.000	0.163	0.160	0.993	1.000	0.987	0.163	1.000	0.182	0.182	0.182	0.182
jumping	0.850	0.911	0.281	0.958	0.252	0.962	1.000	0.997	0.048	0.048	0.048	0.086
lemming	0.238	0.642	0.432	0.263	0.946	0.270	0.464	0.265	0.272	0.293	0.429	0.168
liquor	0.814	0.433	0.982	0.986	0.705	0.357	0.751	0.813	0.410	0.204	0.278	0.335
matrix	0.290	0.110	0.130	0.370	0.310	0.050	0.250	0.400	0.180	0.010	0.010	0.050
mhyang	1.000	1.000	1.000	0.997	1.000	1.000	1.000	1.000	1.000	0.917	1.000	0.999
motor Rolling	0.805	0.171	0.079	0.073	0.079	0.177	0.079	0.598	0.067	0.073	0.073	0.061

续 表

序列	Ours	Struct	KCF	SRDCF	SAMF	TGPR	RPT	HCFT	DSST	CN	CSK	PCOM
mountain Bike	1.000	0.882	0.991	0.991	0.982	1.000	1.000	1.000	1.000	1.000	1.000	0.355
shaking	0.858	0.110	0.014	0.011	0.014	0.868	0.981	0.852	1.000	0.671	0.581	0.011
singer1	0.980	0.296	0.276	1.000	0.556	0.219	0.387	0.276	1.000	0.276	0.296	0.963
singer2	0.038	0.036	0.970	0.986	0.036	0.967	0.945	0.041	1.000	0.038	0.036	0.036
skating1	0.990	0.310	0.373	0.538	0.645	0.505	0.453	0.393	0.528	0.380	0.368	0.110
skiing	0.296	0.037	0.062	0.049	0.062	0.123	0.086	0.407	0.062	0.086	0.074	0.099
soccer	0.480	0.143	0.390	0.582	0.166	0.135	0.541	0.462	0.395	0.482	0.138	0.166
subway	1.000	0.851	0.994	0.994	0.983	0.851	1.000	1.000	0.223	0.223	0.223	0.206
swe	0.982	0.503	0.984	0.984	0.983	0.529	0.984	0.983	0.984	0.535	0.575	0.460
syleester	0.845	0.929	0.819	0.833	0.804	0.949	0.964	0.847	0.738	0.742	0.717	0.451
tiger1	0.859	0.814	0.980	0.989	0.734	0.972	0.853	0.870	0.831	0.819	0.277	0.068
tiger2	0.507	0.723	0.367	0.953	0.496	0.742	0.841	0.553	0.296	0.647	0.107	0.063
trellis	0.965	0.743	0.838	0.965	0.995	0.873	0.996	0.837	0.977	0.659	0.591	0.406
walking	0.908	0.563	0.498	0.998	0.995	0.786	0.660	0.519	0.998	0.442	0.519	0.990
walking2	0.778	0.424	0.378	1.000	0.880	0.390	0.408	0.408	1.000	0.384	0.388	0.998
woman	0.933	0.936	0.936	0.923	0.925	0.935	0.921	0.935	0.933	0.243	0.245	0.124
Average	0.838	0.543	0.624	0.784	0.733	0.666	0.712	0.740	0.674	0.517	0.443	0.425

从表 3.2 中可以看出,在对比的 11 种方法中,SRDCF[121] 方法的平均 OP 最高达到 78.4%。本方法的平均 OP 达到了 83.8%,超过 SRDCF 方法的 5.4%。在对比的 11 种方法中,HCFT[113] 方法的平均 DP 和平均 CLE 均达到最高,分别为 89.1% 和 15.7 像素。本方法的平均 DP 为 89.5%,平均 CLE 为 15.6 像素,相对 HCFT[113] 方法都有所提高。由于本方法使用了多层深度特征表示跟踪目标,需要大量的计算。因此本方法的速度为 1.41 FPS,比传统方法 CSK[124] 要慢。但本方法的主要计算量来自卷积神经网络特征的提取,随着 GPU 并行处理能力的不断增加,实时性跟踪目标依然可以实现。

除此之外,我们对比了我们方法与其他跟踪方法的成功率曲线和距离精度曲线。距离精度曲线表示中心误差阈值取不同值时的距离精度,该曲线反映了跟踪算法对目标中心的定位精度。成功率曲线表示重叠率阈值取不同值时的成功率,该曲线反映了跟踪算法的稳定性能。图 3.9 所示图例中的数值代表每种方法成功率曲线与坐标轴围成的区域面积（Area Under the Curve, AUC）。图 3.10 图例中的数值代表每种方法在中心误差阈值取 20 个像素时的距离精度值。

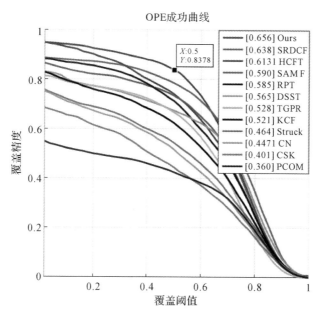

图 3.9　不同算法成功率曲线比较

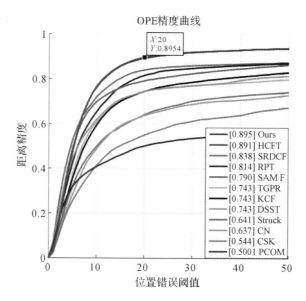

图 3.10　不同算法距离精度曲线

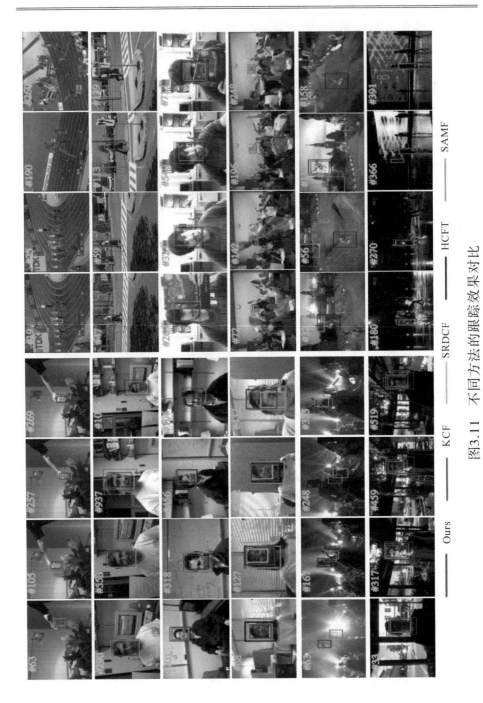

图3.11 不同方法的跟踪效果对比

从图 3.9 可以看出,在对比的 11 种方法之中,SRDCF[121] 方法和 HCFT[113] 方法的 AUC 得分最高,分别为 63.8% 和 61.3% 。本方法的 AUC 得分超过了对比的 11 种方法,达到了 64.7%,比第二名的得分高了 0.9%。因此,本方法可以有效提高目标跟踪的精度。同样,从图 3.10 可以看出,本方法跟踪稳定性较其他方法有所提高。

为了更加直观地展示跟踪效果,我们在图 3.11 中给出了几种方法的跟踪效果,这些方法包括:KCF[107],SRDCF[121],HCFT[113],SAMF[110] 和我们的方法。从图 3.11 中可以看出,SRDCF[121] 方法对于物体变形的情况跟踪效果下降,HCFT[113] 方法对于尺度变化情况跟踪效果下降。KCF[107] 和 SAMF[110] 方法在遮挡情况和相机运动情况下,会发生跟踪丢失。但我们的方法对于以上问题都具有较高的鲁棒性,这也充分说明了跃层表示方法的描述能力更强,可以有效提高目标跟踪算法的稳定性。

3.6　本章小结

本章主要研究在零学习样本条件下,如何充分利用卷积神经网络内部的多层特征性质,提高图像表示能力的问题。针对图像检索任务,本章提出了一种基于深度跃层特征编码的表示方法。该方法通过构建多尺度区域最大激活编码特征来充分发挥深度网络的多层特性,同时在多层特征融合中引入对冲多尺度特征加权方法,进一步提高了多层特征的表示能力。实验结果表明,所提的跃层编码表示方法可以有效改善图像检索任务的性能。同时,我们将跃层表示的思想与相关滤波跟踪方法相融合,提出了一种基于深度跃层特征的目标跟踪方法。该跟踪方法通过利用卷积神经网络多层特征的鲁棒性,同时结合 HOG 特征速度快的优势,成功改善了跟踪丢失与目标尺度变化问题。实验结果表明,所提跟踪方法可以有效提高目标跟踪任务的精度。

第4章 非监督深度度量表示学习方法

4.1 引 言

虽然我们已经处在大数据时代,但数据获取过程并不是免费的午餐。在众多的数据中,无标签数据大大超过有标签数据。有监督学习方法虽然可以达到较高的表示精度,但是对于众多领域,标注大规模数据集需要耗费大量的人力、物力、财力。为了推广表示方法的适应性,利用迁移学习方法,将大规模数据集合上训练的模型进行直接迁移应用,是一个非常重要的方法。在第 2 章、第 3 章中,我们已经对模型迁移表示能力和基于迁移模型的跃层表示方法进行了深入研究。但是,仅仅利用迁移学习的先验知识进行表示,依然存在一定的局限性。

根据文献[126]定义,一个领域的知识 D,本质上是领域内数据特征集合 X 与对应标签集合 Y 针对任务 T 之间的条件概率函数 $P(Y \mid X)$。如果假设存在两个领域以及两个不同的学习任务:一个称为源领域 $D^s = P(X^s)$,在该领域的学习任务为 $T^s = P(Y^s \mid X^s)$;新领域为 $D^t = P(X^t)$,在该领域的学习任务为 $T^t = P(Y^t \mid X^t)$。那么,如果满足领域一致性条件,即 $D^s = D^t$ 且 $T^s = T^t$,则迁移学习完全可以胜任新的任务。但实际应用中,很多情况下以上的一致性条件并不满足,即 $D^s \neq D^t$ 或者 $T^s \neq T^t$。在不满足领域一致性条件的情况下,迁移学习的效果就会受到影响,甚至完全失效。

由于深度卷积神经网络大多是基于 ImageNet 大规模图像分类数据集训练而成,因此,卷积神经网络模型中已经包含了十分丰富的领域知识,几乎可以迁移到任何一个图像应用领域,即具备可以迁移的基本特性。另一方面,由于 ImageNet 是一个粗糙的分类任务,对于大多数复杂任务来说(如类内细分、相似度比较、图像检索排序任务等),分类任务由其简单的任务目标,无法满足复杂任务的要求。因此,有必要对任务不同情况进行二次学习。例如,在分类任务中,通常要求可以将两个类别分开即可。而相似度比较中,通常要求类内距离大于类间距离。而在图像检索排序任务中,进一步要求类内属性根据相似度可以排序。因此,如何根据不同任务,利用机器学习方法重新学习图像的特征表示,成为一个具有重大意义的问题,受到了学术界和工业界的广泛关注。

早期,在解决图像深度模型不适应新任务方面,主要利用有监督重新训练模型网络参数的方法。这种有监督的方法,需要收集和标注大量的数据。例如,Babenko 等人利用有监督学习方法,在 AlexNet[43] 上利用额外的有标签数据集,调整深度模型的网络参数,并利用 PCA 降维压缩调优后的全连接层特征用于图像检索。该方法虽然提高了图像检索任务的精度[96],但该方法在调优过程中,仍然使用的是分类任务的损失函数,使得模型的学习任务对于检索仍然存在局限性。Gordo 等人通过构建三通路的卷积神经网络结构,利用优化方法在 R－MAC 编码特征的基础上,利用三元组排序损失重新训练网络,进一步提高了图像检索的性能[127]。Arandjelović 等人提出一种端到端的图像检索重训练机制,该方法基于弱监督排序损失进行学习,首次将半监督方法用于重新训练网络参数,大大减少了数据标注的时间[119]。

为了进一步减少标注数据的成本,Paulin 等人提出一种基于卷积神经网络局部特征的描述方法,该方法利用非监督方法进行自动学习来提高检索精度[100]。同时,Filip 等人提出一种基于 R－MAC 特征的非监督学习方法,利用无标签数据重训网络的机制,该方法可以有效提高图像检索任务的精度[128]。虽然,以上两种方法已经提出利用非监督策略来减少数据标注的代价。但由于深度网络模型参数众多,如果希望达到较好的调整网络参数结果,依然需要收集大量的无标签数据,对网络参数进行重新学习。也就是说,这种无监督学习方法依然需要收集数据,同时需要花费大量时间调整深度模型参数。一个值得深入思考的问题是:能否在使用少量额外数据,同时也不对深度神经网络的参数进行调整重新学习的情况下,利用模型结构自身提取特征的内部相关信息进一步提高特征表达能力呢? 本章在解决该问题上进行了尝试和探索。

本章的非监督深度度量表示学习方法,本质上是一种深度特征的非线性度量学习方法。该方法即兼顾在大规模数据集上学习的网络具有通用性的特点,同时针对目标函数改变引起表示能力的不适应的问题,提出在不引入新的数据的基础上,在原始数据上进行度量学习的方法。从数据处理的角度,本章方法属于零样本无监督学习问题,是一个十分具有挑战的问题。特别是针对 ImageNet 分类任务,扩展到图像检索任务过程中,由于任务类型的改变,带来表示能力下降的问题,本章方法将结合前述章节的 R－MAC 特征,将深度特征编码机制与非监督度量学习有效结合,利用一种嵌入技术将原有特征的分布进行重新学习,进一步提高了在新任务上的适应能力。具体而言,本章的创新性贡献可以归纳为以下三点。

(1)本章方法不需要引入额外的数据,这样就避免了大量的图像标注时间和数据采集时间。但本章的方法在图像检索上的精度,却可以超过众多需要标注数据的有监督学习方法和需要收集无标签数据的无监督学习方法。

(2)本章方法不需要对深度神经网络进行二次学习调整网络参数,这样就避免了深度神经网络学习调参过程中难于优化、训练时间长等问题。

(3)本章方法不仅仅可以得到更好的特征表示精度,同时还可以在度量学习的同时降低特征维度,进而使得图像的特征表示更加适合大规模数据的检索,甚至可用于图像数据的可视化处理。

本章的后续内容组织如下:4.2节阐述深度特征的非线性度量学习方法;4.3节通过实验对深度特征的非线性度量学习方法在图像检索任务中的性能进行评估,同时对比分析度量学习加入特征降维情况下,本章方法的检索能力。4.4节给出本章方法将深度特征降低到二维进行可视化的效果,通过数据可视化方法来说明本章深度非监督度量学习方法的有效性。4.5节对本章工作进行了小结。

4.2 深度特征的非线性度量学习

本章深度特征的非线性度量学习方法,主要可分成以下三个步骤:第一步,利用深度卷积神经网络抽取图像特征;第二步,利用PCA白化方法对数据进行去除相关性操作;第三步,利用原始深度特征分布相似性进行特征的映射度量学习。深度特征非线性度量学习方法的流程图如图4.1所示。

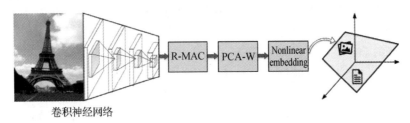

卷积神经网络

图4.1 深度特征非线性度量学习方法的流程图:
①R-MAC特征抽取;②PCA白化;③非线性度量学习

4.2.1　R－MAC 特征提取

本节中,利用在 ImageNet 上学习的深度卷积神经网络提取特征时,我们使用第 3 章中使用的 R－MAC 方法。根据第 2 章中分析的模型迁移能力,本章依然选择迁移能力较强的 VGG－16[54] 模型作为特征提取模型。同时,将该模型的全连接层全部去除,使其变成一个全卷积网络,可以将任意尺度的图像送入网络进行特征提取。假设 I 表示一个输入图像,该图像的大小为 $M \times N$。经过 VGG－16 网络,某个卷积层(ReLU 之后)输出的特征图表示为 X,该特征图可以转换成一个张量形式,大小为 $H \times W \times K$。其中,H 和 W 表示每个特征图的高度和宽度,而 K 表示特征图的数量(通道个数)。

假设 X_k 表示第 k 个特征图,该特征图包含 $H \times W$ 个响应值 $k \in \{1, \cdots, K\}$。因此,该特征图的最大响应值可以表示为

$$f = [f_1 \cdots f_k \cdots f_K]^{\mathrm{T}}, \text{with} f_k = \max_{x \in X_k} x \qquad (4.1)$$

式中,f 表示该层特征图的最大响应特征,x 表示某个特征图 X_k 中任意位置的响应值。如果在特征图 X 中选择一个区域 R_i 来提取该区域的最大响应值,则式(4.1)可以表示为

$$f_{R_i} = [f_{R_i,1} \cdots f_{R_i,k} \cdots f_{R_i,K}]^{\mathrm{T}}, \text{with } f_{R_i,k} = \max_{x \in R_i,k} x \qquad (4.2)$$

式中,$f_{R_i,k}$ 表示第 k 个特征图中区域 R_i 的最大激活特征。在每个特征图中,区域的选择方法和第 3 章中方法相同,如图 3.2 所示。我们根据特征图的区域进行不同尺度的分割,同时不同尺度之间包含 40% 的区域重叠。最终,我们将所有区域的响应值进行累加得到一个特征向量:

$$f_M = \sum_{i=1}^{N} f_{R_i} = [\sum_{i=1}^{N} f_{R_i,1}, \sum_{i=1}^{N} f_{R_i,2}, \cdots, \sum_{i=1}^{N} f_{R_i,k}, \cdots, \sum_{i=1}^{N} f_{R_i,K}]^{\mathrm{T}} \qquad (4.3)$$

式中,f_M 表示 R－MAC 特征向量,N 表示所有区域的数量。R－MAC 特征 f_M 的最终维度与该深度特征特征图个数 K 相等。对于 VGG－16 网络而言,其维度为 512 维,这也使得该特征的维度较低,具备高效的表示能力。得到 R－MAC 特征后,我们对该特征进行 l_2 归一化处理,归一化后第 i 个图像的特征表示为

$$\overline{f}_M(i) = \frac{f_M(i)}{\| f_M(i) \|_2} \qquad (4.4)$$

4.2.2　PCA 白化

根据文献[98,101]的研究表明,利用 PCA 方法去除特征的相关性,可以进

一步提高特征的表示能力。特别是在图像检索任务中,PCA 白化方法可以有效提高检索精度。本节中,我们利用 PCA 白化方法对 R－MAC 特征进行进一步处理。

PCA 白化方法可以分成两个步骤:白化和旋转。白化过程中需要计算特征协方差逆矩阵的平方根 $C_S^{-\frac{1}{2}}$,其中:

$$C_S = \sum_{Y(i,j)=1} [\overline{f}_M(i) - \overline{f}_M(j)][\overline{f}_M(i) - \overline{f}_M(j)]^T \tag{4.5}$$

白化旋转过程中,需要计算 $\mathrm{eig}(C_S^{-\frac{1}{2}} C_D C_S^{-\frac{1}{2}})$,其中

$$C_D = \sum_{Y(i,j)=0} [\overline{f}_M(i) - \overline{f}_M(j)][\overline{f}_M(i) - \overline{f}_M(j)]^T \tag{4.6}$$

$Y(i,j) = \{0,1\}$ 表示图像 i 和图像 j 是不同图像(label 为 0)或者是同一幅图像(label 为 1)。通过式(4.5)和式(4.6),可以计算出一个映射矩阵 $P = C_S^{-\frac{1}{2}} \mathrm{eig}(C_S^{-\frac{1}{2}} C_D C_S^{-\frac{1}{2}})$,然后通过 $P^T(\overline{f}_M(i) - \mu)$ 进一步将特征进行映射计算,即可得到白化后的特征。其中,μ 是所有图像 R－MAC 特征的类中心。在 PCA 过程中,我们不对特征进行降维处理,白化后的特征再次进行 l_2 归一化处理。

4.2.3　特征非线性嵌入

在图像检索过程中,一个基本的要求就是相似图像的特征也具有相似性,而不同的图像之间,差异越大则图像特征的距离应该更远。假设经过特征抽取与 PCA 白化,我们已经拥有一个包含 M 张图像特征的矩阵 $\mathbf{X} \in \mathbf{R}^{d \times m}$ 。特征矩阵 $\mathbf{X}$ 的每一个列向量,都表示一个图像 i^{th} 白化后的 R－MAC 特征 x_i 。非线性嵌入的最终目标就是学习出一个新的特征矩阵 $\mathbf{Y} \in \mathbf{R}^{n \times m}$ ($n \leqslant d$)。在新的特征矩阵 $\mathbf{Y}$ 中,我们希望相似图像的特征距离更近,而不同图像的特征距离更远。同时,如果在度量学习过程中满足 $n < d$ 的要求,还可以在得到新的特征矩阵的同时,使得特征维度进一步降低。因此,非线性度量学习在学习特征映射的同时,还可以轻松实现降维的功能。假设 y_i 为新的特征矩阵 Y 所对应的列向量,那么 y_i 也就是图像原始特征 x_i 在新特征空间中的对应特征映射。

为了在学习过程中不引入新的数据集,我们利用数据的分布特性进行相似度学习。假设新的特征空间中的两个数据点 y_i 和 y_j 具有保持原始特征空间数据点 x_i 和 x_j 相似性的特性。那么,原始空间数据 x_i 和 x_j 具有相似性的条件概率分布 $p_{j|i}$,和新的特征空间中 y_i 和 y_j 具有相似性的条件概率分布 $q_{j|i}$ 将保持不变。假设原始特征空间和新的特征空间都符合高斯分布,σ_i 为高斯分布的方差,则 $p_{j|i}$ 和 $q_{j|i}$ 可表示为

$$p_{j|i} = \frac{\exp[-(\parallel x_i - x_j \parallel)^2/(2\sigma_i^2)]}{\sum\limits_{i \neq k}^{M} \exp[-(\parallel x_i - x_k \parallel)^2/(2\sigma_i^2)]} \tag{4.7}$$

$$q_{j|i} = \frac{\exp[-(\parallel y_i - y_j \parallel)^2/(2\sigma_i^2)]}{\sum\limits_{i \neq k}^{M} \exp[-(\parallel y_i - y_k \parallel)^2/(2\sigma_i^2)]} \tag{4.8}$$

为了度量两个分布 $p_{j|i}$ 和 $q_{j|i}$ 的相似性,我们使用 KL(Kullback－Leibler)散度来度量分布的相似度。由于计算 $p_{j|i}$ 和 $q_{j|i}$ 的 KL 散度总和,等价于计算原始特征空间中的联合概率密度 P 和新特征空间中的联合概率密度 Q 的 KL 散度。因此最终的优化目标可以表示为

$$\begin{aligned} C(P,Q) = KL(P \parallel Q) &= \sum_{i=1}^{M}\sum_{j=1}^{M} p_{ij} \log \frac{p_{ij}}{q_{ij}} \\ &= \sum_{i=1}^{M}\sum_{j=1}^{M} p_{ij} \log p_{ij} - p_{ij} \log q_{ij} \end{aligned} \tag{4.9}$$

式中,C 表示相似度损失函数。假设原始空间中数据符合高斯分布,则 p_{ij} 定义为

$$p_{ij} = \frac{p_{i|j} + p_{j|i}}{2M} \tag{4.10}$$

新特征空间中的条件概率 q_{ij} 的定义与 p_{ij} 相似,可以假设其服从高斯分布。但由于原始特征空间中提取图像 R－MAC 特征时,所使用的卷积神经网络并不是为检索任务而设计的,而是依赖于 ImageNet 分类任务得到的网络。该网络提取的特征在表示上存在相似图像不容易区分的缺陷。因此,我们改变新的特征空间中的概率分布类型,假设新的特征空间 Q 中,数据相似性条件概率不再是高斯分布而采用自由度为 1 的 t 分布代替。这种利用 t 分布改变相似度的做法在 t－SNE 非线性降维方法中被最早提出 tSNE2008。采用 t 分布代替高斯分布可以使得相似的图像特征距离更近,而不相似图像特征距离更远。t 分布的这种特性与图像检索的任务不谋而合。同时,由于使用了 t 分布代替高斯分布,去除了指数计算带来的时间耗费,使得模型优化速度大大提高。因此,我们定义在新的特征空间中,两个特征向量 y_i 和 y_j 的相似概率 q_{ij} 为

$$q_{ij} = \frac{(1 + \parallel y_i - y_j \parallel^2)^{-1}}{\sum\limits_{k=1}^{M}\sum\limits_{l \neq k}^{M} (1 + \parallel y_k - y_l \parallel^2)^{-1}} \tag{4.11}$$

根据式(4.10)和式(4.11)定义,通过最小化式(4.9)中的损失函数 C,即可得到最终优化后的特征矩阵。在优化过程中,我们使用梯度下降算法进行迭代求解,新特征空间中图像特征的梯度为

$$\frac{\partial C}{\partial y_i} = 4 \sum_{i \neq j} (p_{ij} - q_{ij})(1 + \| y_i - y_j \|^2)^{-1}(y_i - y_j) \qquad (4.12)$$

通过优化求解，当我们得到新特征空间中的特征向量 y 后，即可采用新特征空间中的特征向量作为图像新的表示方法。在图像检索任务中，利用新特征空间中的特征来计算 Cosine 距离，从而得到图像检索的相似度排序。

4.3　实验结果与分析

4.3.1　数据集和评估方法

本章利用 Holidays[63]、Oxford5k[64] 和 Paris6k[65] 三个图像检索数据集来测试评估本章方法，部分实验数据如图 4.2 所示。Holidays 数据集中包括 500 个类别共 1 491 张图像，检索过程中每个类别的第一张图像作为查询图像，剩余的 991 张图像作为检索结果图像。Oxford5k 数据集和 Paris6k 数据集分别包括 5 063 张和 6 412 张图像，这两个数据集都包括 55 张查询图像。与 Holidays 数据集不同，这两个数据集中都给出了每个图像中兴趣目标的标注信息，同时提供该区域的正确查询结果的标注信息。使用数据集提供的兴趣目标区域标注信息，可以进一步提高检索精度，但在实际应用的检索系统中，检索图像是没有兴趣区域标注的，因此我们在实验中也忽略兴趣目标的标注信息，直接利用整幅图像作为查询对象。在整个的实验过程中，我们利用 Cosine 距离来度量相似度，利用式(3.8)中定义的 MAP 来度量检索结果的优劣。

(a)　　　　　　　　(b)　　　　　　　　(c)

图 4.2　实验数据集部分图像

(a)Holidays；(b)Oxford5k；(c)Paris6k

4.3.2　实验设置

在特征抽取过程中,我们使用 VGG－16[54]网络作为特征抽取网络,并利用该网络的最后一个卷积层(Conv5_3 经过 ReLU 后的特征)构建 R－MAC 特征。由于 VGG－16 网络最后一个卷积层的特征图共 512 个,因此最后得到的特征维度为 512 维。为了简化实验,Holidays 数据集所有图像被缩放到 760 × 760 相同尺度。Oxford5k 和 Paris6k 所有图像保持原始尺度不变。

在优化过程中,迭代次数 T 设置为 1 000。学习率 η 初始值为 100,其更新策略和文献［129］保持一致。所有实验采用 MATLAB 2017a 环境进行测试,机器配置为 Intel (R) Core (TM) i5 - 4690 CPU (3.50GHz),16 GB DDR3。

4.3.3　实验结果对比分析

我们将本章方法与 12 种经典的图像检索方法进行对比,其中 7 种方法没有使用任何学习策略,直接迁移原有网络结构并对特征进行编码。3 种方法使用了有监督学习策略,在学习过程中引入了额外的有标签数据集,并对网络进行了重新训练。还有 2 种方法使用了非监督学习策略,这两种方法也需要额外数据集,但不需要对数据进行标注。具体的 7 种没有使用任何学习策略的方法分别为:MOP[97],CNN－ss[45],OxfordNet[118],SPoc[98],CroW[99],Conv - VLAD[104]和 R - MAC[101]。3 种有监督学习方法包括:Neural codes[96],NetVLAD[119]和 DIR[127]。2 种非监督学习方法包括:Patch－CKN[100]和 CNN－BoW[128]。所有方法的实验对比结果如表 4.1 所示,实验中精度最高的方法用黑体表示,次高的实验结果用下划线表示。其中,某些方法用 † 标识,表示为我们复现原作者文献方法的测试结果。为了公平地比较各种方法,所有实验都没有采用扩展查询的策略[130]。

表 4.1　三个检索数据集的检索精度对比

检索方法	维　　度	Holidays[63]	Oxford5k[64]	Paris6k[65]	平均 MAP
MOP[97]	2048	80.2	—	—	
CNN－ss[45]	32－120k	76.9	55.6	69.7	67.4
OxfordNet[118]	256	71.6	53.3	67.0	64.0
SPoc[98]	256	80.2	58.9		

续表

检索方法	维　度	Holidays[63]	Oxford5k[64]	Paris6k[65]	平均 MAP
CroW[99]	512	84.9	68.2	79.6	77.6
Conv－VLAD[104]	128	81.6	59.3	59.0	66.6
R－MAC[101]	512	84.6t	66.9	83.0	78.2
本文方法	512	85.1	77.5	92.3	85.0
Neural codes[96]	128	78.9	55.7	—	
NetVLAD[119]	256	80.7	62.8	72.5	72.0
DIR[127]	512	86.0	81.3	85.5	84.3
Patch－CKN[100]	4096	82.9	47.2		
CNN－BoW[128]	512	82.5	80.1	85.0	82.5
本文方法	512	85.1	77.5	92.3	85.0

在表 4.1 的上半部分,我们比较本文方法与 7 种没有使用任何学习策略的方法。这 7 种方法同样使用了卷积神经网络提取特征,同时不需要额外数据集进行学习。从实验结果可以看出,本文方法在三个数据集合上,检索精度都比这 7 种方法的检索精度有大幅度的提升。本章中的方法相对于传统的 R－MACRMAC2016 方法,在 Holidays 数据集上检索精度提高 0.6%,在 Oxford5k 数据集上检索精度提高 15.8%,在 Paris6k 数据集上检索精度提高 11.2%。以上的检索精度提高幅度表明,本文方法可以有效改善卷积神经网络特征在新的任务上的表达能力,从而提高了图像检索的检索精度。

在表 4.1 的下半部分,我们比较了 3 种非监督学习方法和 2 种有监督学习方法。非监督学习方法需要额外收集新的数据,从而重新调整训练模型;有监督学习方法除了需要新的数据以外,还需要耗费大量时间进行数据的标注。而本文方法,不需要收集数据和标注数据,从数据工程的角度减少了大量数据采集处理的时间成本。但本文方法依然可以提高检索精度。在 Paris6k 数据集上,本文方法检索精度排名第一,检索精度达到 92.3 MAP;在 Oxford5k 数据集上,本文方法排名第二,检索的精度为 85.1 MAP;在 Holidays 数据集上,本文方法排名第三,检索的精度为 77.5 MAP。如果将三个数据集的检索精度进行平均,本文方法可以超过所有方法,在三个数据集上的平均检索精度为 85.0 MAP。

为了进一步说明本文方法和传统方法的区别,我们将本文方法与传统方法的特点总结在表 4.2 中。从表 4.2 中可以看出，相对于传统的迁移学习、有监督学习和非监督学习方法，本文方法具有不需要标注数据、不需要额外收集数据、不需要调整网络参数的优点。同时，本文方法的检索精度却可以在三个检索数据集上达到最佳检索精度，这使得本文方法具有表示能力强、节约数据预处理时间的双重优势。

表 4.2　三个检索数据集的检索精度对比

学习方法	收集数据	标注数据	再次训练网络	效果
迁移学习	不需要	不需要	不需要	差
监督学习	需要	需要	需要	好
非监督学习	需要	不需要	需要	好
本文方法	不需要	不需要	不需要	好

4.3.4　降维检索能力分析

由于在非线性度量学习过程中，如果设定映射后的新特征满足 $n < d$ 的要求，本章方法即可实现非线性降维，进而使得本文方法兼备特征映射和压缩深度特征表示的功能。当 n 取不同的维度时，我们对三个检索数据集的检索能力分别进行了测试分析，实验结果如图 4.3 所示。从图 4.3 可以看出，随着特征维度的降低，本文方法的检索精度并没有显著下降。这种特殊的性质，对于大规模图像检索任务而言十分重要。它可以保证在大规模图像检索任务中，利用本文降维后的低维度特征，依然可以精确并高效地查找到需要的图像。

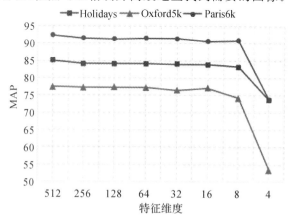

图 4.3　本文方法在不同维度情况下在三个检索数据集合上的检索精度

表 4.3　低维度情况下,不同检索方法的检索精度对比

检索方法	维　度	Holidays[63]	Oxford5k[64]	Paris6k[65]	平均 MAP
Neural codes[96]	16	60.9	41.8	—	—
CNN—BoW[128]	16	54.4	57.4	63.2	58.3
Neural codes[96]	32	72.9	51.5	—	—
CNN—BoW[128]	32	68.0	69.2	69.5	68.9
本文方法	4	73.8	53.5	73.7	67.0
本文方法	8	83.2	74.3	90.9	82.8
本文方法	16	83.9	77.2	90.7	83.9
本文方法	32	84.0	76.5	91.3	83.9

为了对比本文降维后特征与传统方法的差异,我们将本文方法得到的特征降低到 4 维、8 维、16 维和 32 维度,并将本文方法与其他 4 种低维度检索特征进行对比实验,实验结果如表 4.3 所示。从表 4.3 的实验结果可以看出,在众多低维度的图像检索方法之中,Neural codes 方法[96]在 Holidays 数据集上取得了最佳的检索精度,其检索精度为 72.9 MAP。本文方法相对于传统的 Neural codes 方法,提升效果十分明显,检索精度达到了 84.0 MAP,提高了 15.2%。同时,CNN—BoW 方法[128]在 Oxford5k 和 Paris6k 数据集上取得了最佳的检索精度,其检索精度分别为 69.2 MAP 和 69.5 MAP。本文方法的低维特征的检索精度在 Oxford5k 和 Paris6k 两个数据集上,检索精度分别达到了 77.2 MAP 和 91.3 MAP,检索精度分别提高了 11.5% 和 31.4%。同时,在三个检索数据集上,本文方法 16 维和 32 维特征的平均检索精度均达到了 83.9 MAP,该检索精度比 CNN—BoW 方法[128] 16 维特征平均检索精度提高了 25.6 MAP,提升幅度高达 43.9%。比 CNN—BoW 方法[128] 32 维特征平均检索精度提高了 15 MAP,提升幅度也达到了 21.8%。

值得注意的是,本文方法将特征维度降低到 8 维时,依然可以超过经典的 NetVLAD 方法[119]的 256 维特征的检索精度。在 Holidays 数据集上,本文方法 8 维特征检索精度为 83.2 MAP,NetVLAD 方法 256 维特征检索精度为 80.7 MAP。在 Oxford5k 数据集上,本文方法 8 维特征检索精度为 74.3 MAP,NetVLAD 方法 256 维特征检索精度为 62.8 MAP。在 Paris6k 数据集上,本文方法 8 维特征检索精度为 90.9MAP，NetVLAD 方法 256 维特征检索精度为 72.5 MAP。和 NetVLAD 方法 256 维特征相比，本文方法 8 维特征可以使得特征表示维度降低 32 倍，同时平均检索精度提高 15%。由于图像特征表示维度的降低，在实际检索系统中，存储空间即可减少 32 倍，同时检索效率也会大大增加。因此，本文方法对于大规模图像检索系统而言，可以显著提高图像检索系统的精度和效率，具有重要的实用价值。

在图 4.4 中，我们给出了利用本文方法将特征降低到 8 维度时，在 Paris6k 数据集上 55 个测试样本查询的前十个结果。从图 4.4 中可以看出，利用本文降维后的 8 维特征的查询结果中，只有三个样本错误（错误检索结果用红色方框标出），其检索效果依然十分优异。

4.4　深度特征的可视化方法

根据 4.2.3 节中方法，我们如果限定度量学习降维后的维度是两维，则可以对高维图像数据进行可视化分析。可视化技术对于数据分析十分重要，它可以通过形象直观的方式，查看数据之间的隐含关系，发现数据背后的模式。因此，本节通过数据可视化方法来进一步说明本章深度非监督度量学习方法的有效性。实验过程中，我们在 MNIST 数据集中随机抽取 6 000 张图像，用于实现数据可视化实验。实验过程中 6 000 张图像包含 10 个类别的手写体图像，各个类别图像数据的数量如表 4.4 所示。

表 4.4　可视化中的数据类别与数量

类别	0	1	2	3	4	5	6	7	8	9	共计
数量	592	671	581	608	623	514	608	651	551	601	6 000

4.4.1　非线性降维能力可视化对比分析

为了验证本文非线性降维模型的优越性，本实验主要是比较利用不同的降维方法直接将原始图像从 784 维降到二维的可视化结果。分别使用经典的 PCA 方法[12]、改进的 PPCA 方法[16]、MDS 方法[25]与本文方法对比，实验结果如图 4.5、图 4.6、图 4.7、图 4.8 所示。

图 4.4　本文 8 维特征在 Paris6k 数据集上的检索结果

图 4.5　PCA 降维可视化结果

图 4.6　PPCA 降维可视化结果

图 4.7　MDS 降维可视化结果

图 4.8　本文降维可视化结果

从图 4.5、图 4.6、图 4.7、图 4.8 对比中可以看出,PCA、PPCA、MDS 方法对于高维数据直接降维存在很大的损失,造成原始数据降维后图像的原有类别并不具有可分性。而本章方法则较好地保留了高维数据之间的类别关系,降维后数据的可分性比较明显。

4.4.2　深度特征与非线性降维结合可视化方法

如果将本章中的非线性嵌入方法与深度学习得到的特征相结合,我们将可以得到更加优越的数据可视化效果。因此,利用第 2 章中本文所设计的深度卷积神经网络模型(其结构参见表 2.3)的中间层特征,利用本章降维方法就可以实现数据可视化。这里我们分别提取表 2.3 中卷积神经网络的第 9 层输出的 1 350 维特征,第 13 层输出的 150 维特征,第 17 层输出的 150 维特征和第 18 层输出的 10 维特征,分别与本章降维可视化方法做结合,将中间层特征降到二维进行可视化,实验结果如图 4.9、图 4.10、图 4.11、图 4.12 所示。

从图 4.9 中可以看出,采用 CNN 第 9 层特征降维,虽然比直接降维原始数据(见图 4.8)效果要好,但依然存在少量样本数据,被降到二维后其位置没有保持原始样本在高维空间的相似性。从图 4.10 中可以看出,采用 CNN 第 17 层特征降维,可视化结果比采用第 9 层特征(见图 4.9)和图像直接降维(见图 4.8)又有进一步提高,但依然存在少量样本数据,被降到二维后其位置没有保持原始样本在高维空间的相似性。

而采用 CNN 第 18 层特征降维可视化结果(见图 4.11)和采用 CNN 第 13

层特征降维可视化结果(见图 4.12)都十分出色,几乎没有出现任何降维带来的损失,只有极个别的样本点被错误的映射到了其他样本类别的空间位置。如果进一步将图 4.11 与图 4.12 进行比较,我们会发现,采用中间层第 13 层特征与本章方法结合进行可视化的方法(见图 4.12),效果要比采用最后一层特征与本章降维可视化方法(见图 4.11)效果更好,类别分布更加集中。

特别需要指出的是,CNN 中间层特征(第 13 层特征)输出具有 150 维,比最后一层(第 18 层)输出特征 10 维更高。从降维的角度来说,从 150 维降低到二维损失要比从 10 维降低到二维的损失更大。但由于第 13 层特征具有良好的描述性能,利用该层特征进行降维可视化,反而得到了比 CNN 第 18 层特征更好的结果。这也进一步说明,CNN 的中间层特征具有很强的表达能力,这也是可视化效果采用中间层特征取得更佳效果的本质原因。

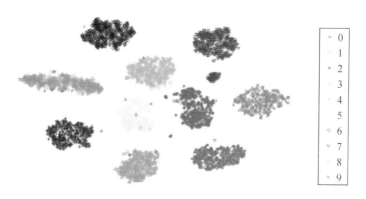

图 4.9　CNN 第 9 层特征降维可视化结果

图 4.10　CNN 第 17 层特征降维可视化结果

图 4.11   CNN 第 18 层特征降维可视化结果

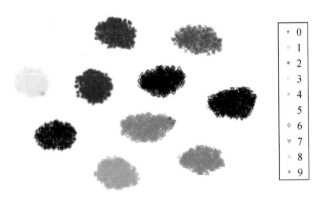

图 4.12   CNN 第 13 层特征降维可视化结果

4.5   本 章 小 结

本章主要研究如何利用无标签数据来提升深度卷积神经网络在不相关数据上的适应能力的问题。针对该问题,本章提出了一种非监督深度度量学习方法。该方法在迁移任务过程中,不需要重新标注额外数据进行训练,大大减少了收集和标注数据的工作量。同时,该方法也不需要更改网络的参数,不需要修正网络的模型参数,这使得学习过程更加简单。虽然没有利用额外数据进行网络的学习,但本文方法却在图像检索任务中表现出了十分优异的性能,超越了目前主流的有监督学习和非监督学习方法。进一步的,研究中发现非线性嵌入方法可以将原始图像表示的特征空间映射到一个全新的特征空间中,在新的特征空间中,特征的可度量特性显著提升。和传统的方法相比,本文方法的最大优势在于无需额外数据、无需调整网络参数。实验结果表明,在三个图像检索数据集上,本章方法表现出了优异的性能。特别是在特征映射过程中,本章方法可以同时实现特征降维,利用本章方法得到的 8 维特征,可以超越传统方法 256 维特征的检索精度,这对于大规模图像检索具有重要的实用价值。除此之外,我们将本章方法进行了推广应用,将映射的空间限制到 2 维,这使得高维数据集可以进行有效的可视化。从可视化效果看,本章方法的可视化效果明显优于传统降维可视化方法。

第5章 有监督深度哈希表示学习方法

5.1 引　言

图像深度表示学习方法,已经成为图像表示的有效手段。通过迁移学习和度量学习,深度特征可以更好的在特征空间上保留原有图像的语义信息。但随着图像数据规模的急剧增长,通过深度学习得到的图像特征维度却依然较高,这给大规模图像数据的快速分析处理带来了困难[131,132]。例如,一张图像通过深度卷积神经网络输出的特征为 4 096 维,每一维度特征是一个浮点数,占用 8 个字节存储空间,共计 262 144 比特。通过第 4 章非监督深度度量学习方法,我们可以使得 4 096 维的图像特征降低到 16 维,每个图像所占存储空间为 1 024 比特,存储空间减少 256 倍。然而,如果对于千万级的大规模图像数据集来说,每个图像占用 1 024 比特,依然十分耗费计算和存储资源。哈希表示方法就是希望每个图像特征所占存储更小,以便于轻松在普通计算机或者手机上处理大规模图像数据。如果每个图像特征仅占 128 比特的存储空间,1 亿张图像仅需要约 1.6 GB 空间就可以实现存储。同时,1 亿张图像的哈希特征可以轻松的加载到内存中进行高效查找,可以在单核处理器上 250 毫秒内完成计算。哈希表示方法这种高效的表征能力,对于图像大数据快速分析具有无限的吸引力。因此,研究图像哈希表示学习技术具有重要意义。

图像哈希表示学习的目的是:将原始空间中高维度的图像信息映射到汉明空间中进行二值化特征编码,进而可以在汉明空间中利用二值化特征高效地实现图像的存储与处理。图 5.1 是图像哈希表示学习的示意图,原始图像信息通过从大数据中学习到的哈希函数 h 变换后,每个图像被映射成一个长度为 8 比特的二进制哈希码。哈希学习希望原始图像空间中相似的两幅图像,在经过哈希函数映射后两个哈希特征距离小。而原始图像空间中不相似的两幅图像,在经过哈希函数映射后两个哈希特征距离大。

在过去的几十年中,有大量哈希方法被用于图像特征表示领域[133]。这些方法根据其表示方法的不同可以分为两类:非数据依赖方法(Data-independent Methods)和数据依赖方法(Data-dependent Methods)。非数据依赖方法采用随机方式构建哈希函数,将传统特征映射为二值化特征。由于非数据依赖方法没有使用数据进行学习,因此其二值化哈希特征表示能力较弱。典型的非数据依赖方法包括:局部敏感哈希(Locality Sensitive Hashing,LSH)[134]、不变核哈希(Shift-Invariant Kernels Hashing,SIKH)[135]等。与非数据依赖方法不同,数据依赖哈希方法根据数据驱动的方式学习哈希映射函数,可以得到更加高效准确的二值化特征。因此,数据依赖的哈希方法已经成为哈希表示的主流。

h(爱因斯坦1)=01100001   h(爱因斯坦2)=01100101   h(达芬奇)=10001010

相似度尽可能大   相似度尽可能小

图 5.1 图像哈希表示学习的示意图

数据依赖的哈希方法又被称作哈希学习(Learning to Hash,L2H)方法,又可以进一步分为非监督哈希学习方法和有监督哈希学习方法。顾名思义,非监督哈希学习方法只利用数据之间的相对关系学习哈希表示,并不使用数据标签信息。典型的非监督哈希学习方法包括:Spectral Hashing (SH)[136],Iterative Quantization (ITQ)[137],Anchor Graph Hashing (AGH)[138],Isotropic Hashing (IsoHash)[139],Binary Reconstructive Embedding (BRE)[140]。有监督哈希学习方法则充分利用数据标签信息。典型的有监督哈希学习方法包括:Supervised Discrete Hashing (SDH)[141],Sequential Projection Learning for Hashing (SPLH)[142],Minimal Loss Hashing (MLH)[143],Latent Factor Hashing (LFH)[144],Supervised Hashing with Kernels (KSH)[145],Fast Supervised Hashing (FastH)[146],Column Generation Hashing (CGHash)[147],

Ranking based Supervised Hashing（RSH）[148]，Order Preserving Hashing（OPH）[149]，Ranking Preserving Hashing（RPH）[150]和 Latent Factor Hashing（LFH）[144]等。

但由于传统哈希学习方法都是建立在手工特征（如 SIFT[102] 或 GIST[151]特征）基础上，这使得哈希特征学习和特征提取过程相互分离。哈希特征学习过程中不能对手工特征进一步调整，使得哈希特征整体的表示能力存在不足。卷积神经网络哈希（Convolutional Neural Network Hashing，CNNH）[152]是第一个将卷积神经网络和哈希表示相结合的方法。该方法先通过卷积神经网络提取深度特征，然后通过哈希学习得到二值化编码特征。但由于该方法并没有将哈希表示学习与深度特征学习放在一起同时学习，因此学习过程依然存在缺陷。网络中的网络哈希（Network In Network Hashing，NINH）[153]提出了第一个端到端的深度哈希学习方法，该方法可以通过学习直接得到二值化特征，实现了特征学习和哈希编码学习的有效统一。从此开始，端到端的有监督深度哈希学习方法成为该领域的研究热点。

目前有监督深度哈希学习方法，都采用了将特征学习与哈希编码同时进行学习的策略。但在学习过程中，这些方法由于采用了不同的损失函数和优化方式使得其最终的哈希特征表示能力存在差异。例如，深度语义排序哈希（Deep Semantic Ranking－based Hashing，DSRH）[154]方法提出利用三元组损失（Triplet ranking loss）与正交约束（Orthogonality constraint）构建哈希损失函数，进而进行哈希特征学习。深度正则相似对比哈希（Deep Regularized Similarity Comparison Hashing，DRSCH）[155]方法进一步扩展了三元组损失并将约束条件进一步合并。深度哈希网络（Deep Hashing Network，DHN）[156]方法提出在贝叶斯框架下，同时优化成对交叉熵损失和量化损失。深度成对监督哈希（Deep Pairwise Supervised Hashing，DPSH）[157]方法提出一种基于成对标签损失的深度哈希表示学习方法。深度三元监督哈希（Deep Triplet Supervised Hashing，DTSH）[158]方法提出一种基于三元标签的哈希表示学习方法，该方法在众多哈希表示学习方法中取得了最好的精度。

虽然利用成对标签或者三元标签可以得到高效的哈希特征表示，但利用单标签学习哈希的表示方法却很少。最近利用分类损失直接学习图像哈希表示的方法也已经开始应用，但由于使用的信息较少往往不能得到较好的结果。总之，目前虽然出现了很多基于深度学习的哈希表示学习方法，但由于哈希学习本质上是一个多项式复杂程度的非确定性（NP）难问题，因此在实际使用中还存在很多问题。其主要问题可以概括为以下三点：

第一，由于哈希表示需要二值化的特征，因此需要对深度学习的特征进行一个取符号的操作,一般情况下使用符号函数 $h = sgn(z)$ 来量化特征。但是,由于符号函数是一个不连续函数,该函数在非零值时,其导数都是零。这使得符号函数无法直接嵌入到深度哈希学习算法中进行反向传播求解。现有的方法主要采用松弛策略将不连续符号函数近似成连续可导函数[157,158],但是这种近似无法保证求得的二值化编码是最优解。

第二,目前很多深度哈希学习算法采用三元组损失构建优化目标。这种损失函数需要对比不同样本之间的相似与不相似性差异,进而计算三元组损失。对于深度学习来说,三元组的训练组合使得训练样本大大增加,造成学习过程十分耗时[159]。另外,在构建三元组损失过程中,相似样本数量远远小于不相似样本数量,这也会造成数据不均衡,进而导致学习困难。

第三,目前深度哈希学习方法都希望通过设计网络结构和优化目标来提高图像哈希表示能力,但却忽略了图像处理领域中一些特有的处理机制,如何利用更多的图像结构信息提升哈希表示能力成为难点问题。

从以上的分析表明,对于哈希表示学习问题,损失函数和优化方法十分重要,会直接影响二值化特征的性能。同时一种好的机制对于哈希学习同等重要,如果利用合理就能提升表示能力。因此,我们在哈希表示学习中,通过构建新的网络结构,加入成对损失和分类损失的方式,进一步来提高哈希特征的表示能力。同时,我们进一步分析了损失函数与模型结构的影响,通过将混合损失分步拆解简化,并加入注意力机制的方法,使得模型表示能力得以进一步提高。具体而言,本章的创新性贡献可以归纳为以下四点:

(1)本章基于孪生网络的混合哈希表示学习方法和基于注意力机制的深度哈希表示学习方法都可以同时学习图像表示特征和哈希编码特征,都是一个端到端的学习方法,无需设计手工特征即可以自动学习出具有强大表示能力的哈希编码特征。

(2)基于孪生网络的混合哈希表示学习方法中设计了一种新的混合损失函数。该混合损失函数包括两个部分:成对哈希损失(Pairwise hashing loss)和分类损失(Classification loss)。成对哈希损失利用成对标签度量两幅图像哈希特征是否相似,该损失可以保证相似图像的哈希特征距离近,而不相似的图像哈希编码距离远。分类损失直接利用图像学习到的深度特征构建分类损失,该损失函数利用图像的语义标签进行学习,保证每个图像能够分类到正确的语义标签。与传统方法相比,混合损失函数充分利用了单标签与成对标签的属性信息,因此可以取得更好的学习效果。同时与三元组损失相比,该方法的学习效率更高,大大减少了学习时间。

(3)基于注意力机制的深度哈希表示学习方法通过分析混合损失函数中成

对哈希损失和分类损失的特点,在只利用分类损失的条件下通过引入注意力机制与残差网络机制进一步提高了深度哈希表示能力。该方法的特点是可以进一步简化损失函数,使得学习效率更高,编码能力更强。

(4)通过实验分析表明,本章的方法可以得到性能更好的二值化哈希特征。与传统方法相比,本章方法在标准数据集上得到了比传统方法更高的检索精度。同时,本章方法的 16 比特二值化特征已经可以超越传统方法 48 比特编码的二值化特征。从理论上来说,这可以使得图像存储效率提高三倍,同时查询效率也可以大大提高。

本章的后续内容组织如下:5.2 节阐述基于孪生网络的混合哈希表示学习方法;5.3 通过实验对基于孪生网络混合哈希方法在图像检索任务中的性能进行评估,同时分析混合损失中成对哈希损失和分类损失的优缺点,在单独使用成对哈希损失的基础上提出一种改进方案;5.4 节阐述基于注意力机制的深度哈希表示学习方法;5.5 节通过实验对本文基于注意力机制的深度哈希方法进行性能分析;5.6 节对本章工作进行了小结。

5.2　基于孪生网络的混合哈希表示学习方法

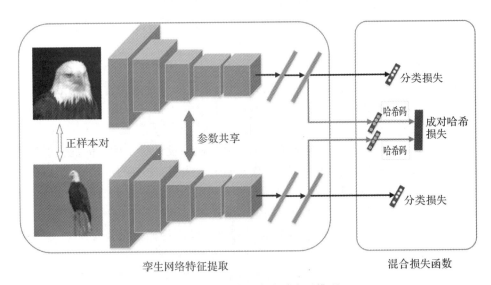

图 5.2　孪生网络混合哈希表示模型

如图 5.2 所示,本节提出的基于孪生网络的混合哈希方法包括两个部分。

第一部分是一个深度孪生网络,该网络的输入是成对的图像,通过该网络可以直接生成哈希二值化特征。第二部分是一个损失函数层,该部分共包括两个损失函数,第一个损失为利用成对标签构建的哈希损失,第二个损失为利用样本标签构建的分类损失。两个损失被集成到一起实现端到端的学习,这使得学习到的哈希二值化特征具有更强的表示能力。

5.2.1 孪生网络结构设计

孪生网络的总体结构如图 5.2 所示。本质上来说,孪生网络就是一个双通路的卷积神经网络。由于具有双通路结构,所以孪生网络每次可以输入两张图像。根据两张图像的标签的异同,孪生网络可以使得具有相同标签的图像哈希编码差异小,相反使得具有不同标签的图像哈希编码差异大。除此之外,孪生网络最大的特点是"共享结构和参数",即两个卷积神经网络具有完全相同的结构和网络参数。这种孪生网络结构特性可以使得学习过程更加容易得到最优解。

在本文的方法中,我们使用 VGG－F 模型[160]作为孪生网络的一个分支结构。但由于 VGG－F 是基于 ImageNet 分类任务而训练的模型,因此我们将该网络的全连接层全部去除,只保留该网络的前七层。假设 θ 表示 VGG－F 网络前七层的所有参数,如果输入一对(两张)图像 x_i 和 x_j,则孪生网络将输出两个 D 维特征向量 $y_i = \varphi(x_i, \theta)$ 和 $y_j = \varphi(x_j, \theta)$。这两个特征向量 y_i 和 y_j 将被送入到混合哈希损失函数部分计算哈希编码的相似损失和深度特征的分类损失。

5.2.2　混合哈希损失函数

如图 5.2 所示,混合哈希损失函数共包括两个组成部分:成对哈希损失和分类损失。成对哈希损失的标签根据两张图像是否相似获得,根据图像标签的异同学习哈希二值特征。同时,分类损失是以图像自身标签为信息,学习将图像正确分类的深度特征。

成对哈希损失:成对哈希损失单元的输入是卷积神经网络输出的两个深度特征向量 y_i 和 y_j,然后 y_i 和 y_j 将被送入到一个新的全连接层,该全连接层有 c 个节点,该节点的输出就是我们希望得到的哈希二值特征。具体的表达如下式所示:

$$\boldsymbol{b}_i = h(\boldsymbol{x}_i) = sgn(\boldsymbol{W}^{\mathrm{T}} \boldsymbol{y}_i + v)$$
$$= sgn(\boldsymbol{W}^{\mathrm{T}} \varphi(\boldsymbol{x}_i, \theta) + v) = sgn(\boldsymbol{u}_i) \tag{5.1}$$

式中,$h(x_i)$ 表示需要学习的哈希函数。W 表示连接 VGG－F 模型和该模型后面的全连接层的权重系数，v 表示偏置向量，同时 $u_i = W^T \varphi(x_i, \theta) + v$。根据哈希学习的结果，$b_i$ 和 b_j 是输入两幅图像 x_i 和 x_j 所对应的二值化哈希特征。在该哈希特征的基础上，根据最大似然估计方法，可以定义成对哈希损失函数如下式所示：

$$
\begin{aligned}
L_p &= -\log p(S \mid B) = -\sum_{s_{ij} \in S} p(s_{ij} \mid B) \\
&= -\sum_{s_{ij} \in S} \left[s_{ij} \Theta_{ij} - \log(1 + e^{\Theta_{ij}}) \right]
\end{aligned}
\tag{5.2}
$$

式中，$S = \{s_{ij}\}$ 表示成对标签构成的标签矩阵，并且满足 $s_{ij} \in \{0, 1\}$。$s_{ij} = 0$ 表示两幅图像 x_i 和 x_j 属于不同类别，$s_{ij} = 1$ 表示两幅图像 x_i 和 x_j 属于相同类别。$B = \{b_i\}_{i=1}^{n}$ 表示二值化哈希编码构成的相似度矩阵，该矩阵应该保持原始成对标签矩阵 S 的相似关系。$\Theta_{ij} = \frac{1}{2} b_i^{\mathrm{T}} b_j$ 表示两个哈希特征 b_i 和 b_j 内积的二分之一。

从式(5.2)成对哈希损失函数中我们可以看出，最小化该目标函数 L_p 将使得两个相似图像哈希特征的汉明距离(Hamming distance)变小，同时可以使得两个不同图像哈希特征的汉明距离变大。这个目标和我们所希望的哈希特征能够保持图像原始语义相似性的目标保持一致。然而在成对损失哈希损失函数中，我们更加关注两个样本是否相似，本质上忽视了样本的类别标签信息。而一个好的图像哈希表示特征，应该具备保持样本相似性的同时，仍然具备特征到语义标签的映射能力，因此我们引入分类损失。

分类损失：分类损失的目标是利用单标签信息，通过学习深度特征的方式辅助学习哈希特征。由于哈希特征是在深度特征基础上通过二值化方法获得的，因此好的深度特征可以帮助模型得到更好的二值化哈希特征。我们在哈希学习中引入分类目标函数，其目的就是促进模型获得更好的哈希特征表示。在经过孪生网络的基本 VGG－F 模型后，我们将模型输出的 y_i 和 y_j 连接一个全连接层，该层共有 n 个节点。同时，n 就是数据集包含的类别个数，所以我们可以在这个全连接层上构建多类分类损失函数。这里我们使用多类分类中最常用的 softmax 损失函数：

$$
L_c = -\sum_{i=1}^{m} \log \frac{e^{Q_{p_i}^{\mathrm{T}} y_i + v_{p_i}}}{\sum_{j=1}^{n} e^{Q_j^{\mathrm{T}} y_i + v_j}}
\tag{5.3}
$$

式中，y_i 表示基本 VGG－F 模型的输出，该深度特征对应的样本标签为第 p_i 个类别；Q 表示连接 VGG－F 输出的全连接层的参数；v 表示该层的偏执系数；m

表示批量数据大小。从式(5.3)可以看出,分类损失的目标函数中,并没有直接学习哈希特征,而是间接通过学习哈希特征前一层的深度特征,进行"辅助"表示学习。

通过以上分析发现,成对哈希损失与分类损失是具有互补特征的两个损失函数。将这两个损失函数有效的结合,可以达到事半功倍的效果。因此,我们将这两个损失函数合成为一个混合损失,该损失函数的定义如下:

$$L = L_p + \lambda L_c$$
$$= -\sum_{s_{ij} \in S} \left[s_{ij} \Theta_{ij} - \log(1 + e^{\Theta_{ij}}) \right] - \lambda \sum_{i=1}^{m} \log \frac{e^{Q_{p_i}^{\mathrm{T}} y_i + v_{p_i}}}{\sum_{j=1}^{n} e^{Q_j^{\mathrm{T}} y_i + v_j}} \tag{5.4}$$

式中,λ 为超参数,L 为混合损失函数。哈希表示学习的最终目标就是通过使得该混合损失函数最小化,进而得到最佳的哈希特征表示。

5.2.3　孪生网络哈希学习过程

从式(5.4)可以看出,由于该公式中 $\Theta_{ij} = \frac{1}{2} b_i^{\mathrm{T}} b_j$ 是 b_i 和 b_j 内积的二分之一。同时,由于 b_i 和 b_j 是根据式(5.1)得到的,该函数中包含一个符号函数 $sgn(\cdot)$,使得该混合损失函数求解变成一个离散优化问题,无法直接利用随机梯度下降法(Stochastic Gradient Descent,SGD)求解。因此,我们将式(5.4)进行近似求解,用取符号函数前的 u_i 代替 b_i,这样可以得到式(5.4)的变形公式如下所示:

$$L = L_p + \lambda L_c$$
$$= -\sum_{s_{ij} \in S} \left[s_{ij} \Omega_{ij} - \log(1 + e^{\Omega_{ij}}) \right] - \lambda \sum_{i=1}^{m} \log \frac{e^{Q_{p_i}^{\mathrm{T}} y_i + v_{p_i}}}{\sum_{j=1}^{n} e^{Q_j^{\mathrm{T}} y_i + v_j}} \tag{5.5}$$

式中,$\Omega_{ij} = \frac{1}{2} u_i^{\mathrm{T}} u_j$。式(5.5)是式(5.4)的近似,但这种近似必然导致求解过程中精度的丢失。因此,我们加入约束项,进一步使得该近似解逼近真实最优解。该约束项为

$$\sum_{i=1}^{n} \| b_i - u_i \|_2^2 \tag{5.6}$$

根据拉格朗日乘数法,将式(5.6)的约束加入到式(5.5)中,即可得到最终的混合损失函数,如下式所示。我们将这个利用下式构建的混合损失方法称

为深度判别有监督哈希(Deep Discriminatively Supervised Hashing,DDSH)
方法。

$$L = -\sum_{s_{ij} \in S} \left[s_{ij} \Omega_{ij} - \log(1 + e^{\Omega_{ij}}) \right] + \eta \sum_{i=1}^{n} \| b_i - u_i \|_2^2 - \lambda \sum_{i=1}^{m} \log \frac{e^{Q_{p_i}^T y_i + v_{p_i}}}{\sum_{j=1}^{n} e^{Q_j^T y_i + v_j}}$$

$$(5.7)$$

式中,η 是约束项的超参数。从式(5.7)可以看出,如果将该函数嵌入到卷积神
经网络的损失函数部分,该函数前向传播过程中,可以通过 $b_i = h(x_i) = sgn(W^T \varphi(x_i, \theta) + v)$ 得到哈希特征。同时,在反向传播过程中,该函数对于变量
u_i 和 y_i 可导。因此,该混合损失函数可以嵌入到孪生卷积神经网络框架中进行
端到端的学习。当学习完成后,需要提取任意一副图像 x_q 的哈希特征时,我们
只需要利用学习好的模型,依据式(5.8)计算即可:

$$b_q = h(x_q) = sgn(W^T \varphi(x_q, \theta) + v) \qquad (5.8)$$

5.3 基于孪生网络混合哈希实验分析

5.3.1 数据集和评估方法

本节使用 CIFAR-10 数据集来测试本文 DDSH 哈希表示学习方法。
CIFAR-10 数据集是一个单标签数据集共包括 60 000 张彩色图像,每张图像
大小为 32×32。该数据集共包括 10 个类别,分别为:飞机、汽车、鸟、猫、鹿、狗、
青蛙、马、船和卡车,每个类别中包括 6 000 张图像。图 5.3 中给出了每个类别
中 10 个样本示例。

5.3.2 实验设置

在实验过程中,我们将每张图像放大到 224×224 。在第一个实验中,我们
在每个类别中随机抽取 100 张图像,共计 1 000 张图像作为查询图像。同时,将
剩余的 59 000 张图像作为检索数据库图像。训练过程中,我们在每个类别中随
机抽取 500 张图像,共计 5 000 张作为训练图像。在第二个实验中,我们在每个
类别中随机抽取 1 000 张图像,共计 10 000 张图像作为查询图像。同时,将剩余
的 50 000 张图像作为检索数据库图像。训练过程中,我们使用剩余的 50 000 张

图像作为训练数据。这种实验测试的设置方法是参照文献[157,158]进行的,因此,可以在相同条件下和其他主流哈希学习方法进行对比。

图 5.3　孪生网络混合哈希表示模型

我们将本文方法与其他主流的哈希表示学习方法进行对比,其他的方法可以归纳为以下几个类别:

(1)传统使用手工特征的哈希学习表示方法(手工特征使用 512 维的 GIST 特征)。这些方法包括非监督哈希学习方法 SH[136],ITQ[137];有监督哈希学习方法 SPLH[142],KSH[145],FastH[146],LFH[144]和 SDH[141]。

(2)利用成对标签的深度哈希学习表示方法。这些方法包括 CNNH[152]和

DPSH[157]。

(3)利用三元组标签的深度哈希学习表示方法。这些方法包括 NINH[153],DSRH[154],DSCH[155],DRSCH[155]和 DTSH[158]。

以上所有实验均利用 MatConvNet 工具箱[117]进行,实验环境是 MATLAB 2016a,计算机配置为 Intel (R) Core (TM) i5 - 4690 CPU (3.50GHz), 16 GB DDR3。训练过程中总共训练 150 代,批量数据大小设置为 128,参数 η 设置为 10,参数 λ 设置为 1。评测过程中,我们使用 Mean Average Precision (MAP)来评价所有方法。我们根据不同方法得到的哈希特征,利用汉明距离计算检索精度。

5.3.3 实验结果对比分析

在实验一的设置条件下,不同方法的实验结果如表 5.1 所示。实验结果中的最高和次高的结果,我们分别用黑体和下划线标出。从表 5.1 可以看出,本文 DDSH 方法与传统手工特征的哈希学习方法 KSH[145]、FastH[146]、LFH[144]相比,检索精度可以提高 2 到 3 倍。这进一步说明本文端到端的深度哈希学习方法,与传统方法相比可以显著提高图像哈希特征的表示能力。在深度哈希学习方法中,DTSH[158]方法精度最高,但该方法使用的是三元组损失函数,训练过程需要采集很多同类和异类样本,这使得训练时间和复杂度都会增加。但本文方法与该方法对比,本文方法无须构建三元组损失,同时精度仍可以提高 3% 到 7% 的精度。这也充分说明混合损失函数优于三元组损失函数,可以进一步提高哈希特征性能。

表 5.1　实验一条件下,DDSH 和各种方法不同长度哈希特征检索精度

方　法	12－bits	24－bits	32－bits	48－bits	平均精度
本文(DDSH)	0.762	0.795	0.809	0.818	0.796
DTSH[158]	0.710	0.750	0.765	0.774	0.750
DPSH[157]	0.713	0.727	0.744	0.757	0.707
NINH[153]	0.552	0.566	0.558	0.581	0.564
CNNH[152]	0.439	0.511	0.509	0.522	0.495
FastH[146]	0.305	0.349	0.369	0.384	0.352
SDH[141]	0.285	0.329	0.341	0.356	0.328
KSH[145]	0.303	0.337	0.346	0.356	0.336
LFH[144]	0.176	0.231	0.211	0.253	0.218

续 表

方　法	12－bits	24－bits	32－bits	48－bits	平均精度
SPLH[142]	0.171	0.173	0.178	0.184	0.177
ITQ[137]	0.162	0.169	0.172	0.175	0.170
SH[136]	0.127	0.128	0.126	0.129	0.128

为了进一步验证本文方法的有效性,我们在实验二的设置条件下进一步测试。与实验一设置条件不同,实验二使用了更多的训练数据。同时,我们在实验二的设置条件下与主流的深度哈希学习方法 DSRH[154]、DSCH[155]、DRSCH[155]、DPSH[157]和 DTSH[158]进行对比,实验结果如表 5.2 所示。从实验结果中,我们可以发现在实验二条件下,所有深度哈希表示学习方法的精度都可以进一步提高精度。这种现象说明,随着训练样本的增加,深度哈希学习方法的精度依然可以进一步提高。同时,与其他深度哈希表示学习方法相比,本文 DDSH方法在不同比特长度编码条件下,均取得了最好的结果。这也再次证明了本文DDSH 方法的哈希学习能力更强,在更多数据的训练过程中,提升效果更佳明显。

表 5.2　实验二条件下,DDSH 和各种方法不同长度哈希特征检索精度

方　法	16－bits	24－bits	32－bits	48－bits	平均精度
Ours(DDSH)	0.944	0.946	0.947	0.946	0.946
DTSH[158]	0.915	0.923	0.925	0.926	0.922
DPSH[157]	0.763	0.781	0.795	0.807	0.760
DRSCH[155]	0.615	0.622	0.629	0.631	0.624
DSCH[155]	0.609	0.613	0.617	0.620	0.615
DSRH[154]	0.608	0.611	0.617	0.618	0.614

值得注意的是,本文 DDSH 方法在 16 比特到 48 比特的哈希编码条件下,检索精度并没有出现显著的下降。同时,本文方法 16 比特情况下的检索精度,可以超越经典深度哈希 DTSH 方法[158] 48 比特时的检索精度(本文方法 16 比特精度是 0.944 MAP,DTSH 方法 48 比特精度是 0.926 MAP)。一旦比特编码的存储空间减小 3 倍,内存消耗将减小 3 倍,同时计算效率也会得到大幅提高。因此,本文 DDSH 方法对于处理超大规模图像处理任务时,具有更重要的实用价值。

5.3.4 孪生网络混合损失性能分析

从式（5.4）可以看出，本文的混合损失函数主要包括两个部分：一个是成对哈希损失，另一个是图像的分类损失。从损失函数的类型来看，成对哈希损失是利用两个样本的相似与不相似信息构建的，而分类损失是利用样本标签信息构建的。将两者结合后，这两个损失实现了优势互补，因此具备很强的哈希学习表示能力。图 5.4 给出了 10 个样本分别构建成对损失、分类损失和混合损失的损失结构示意图。图 5.4 中，蓝色线连接的表示相似的正例样本，红色线连接的表示不相似的负例样本。实线表示样本之间的明确关系，虚线表示样本之间的隐含关系。从图 5.4 中可以看出，混合损失函数充分利用了样本之间的相关信息。

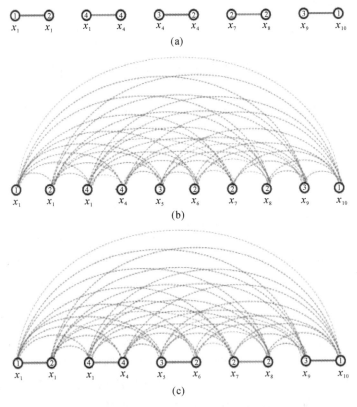

图 5.4 成对损失、分类损失和混合损失的损失结构示意图

(a)成对哈希损失；(b)分类损失；(c)混合损失

　　如果更加深入分析两个损失函数的优缺点,成对哈希损失的优势在于充分利用了数据之间的信息,缺点是在训练过程中需要构建数据对,即任意两个样本之间都要构成一对样本进行训练,这使得模型训练成本增加。分类损失的最大优点是损失函数简单且优化速度快,其缺点是单独使用该损失在哈希学习过程中很难超越成对损失或者三元组损失。那么在混合损失中,到底是成对哈希损失重要还是分类损失重要呢? 为了分析分类损失和成对哈希损失在混合损失中的重要性,我们在单独使用分类损失和成对哈希损失在实验一的条件下,测试哈希表示方法检索精度,实验结果如图 5.5 所示。从图 5.5 可以看出,单独使用分类损失和成对哈希损失时,模型的检索精度都比综合使用混合损失检索精度低。在单独使用分类损失和成对哈希损失函数时,成对哈希损失比分类损失效果好。

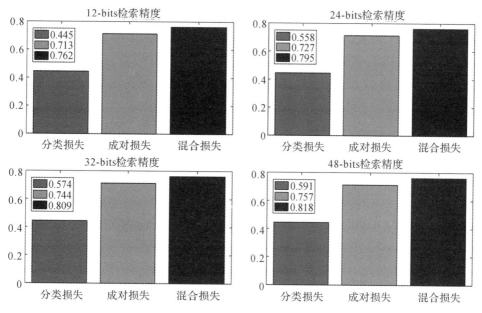

图 5.5　分类损失、成对损失和混合损失的检索精度

　　那么,既然成对哈希损失占主要作用,我们能否进一步改进混合损失函数,提高模型哈希表示能力呢? 在实验中,通过测试我们发现,可以将分类损失用一种在优化过程中的约束代替。即将式(5.7)可以修改为下式的形式:

$$L = -\sum_{s_{ij} \in S} \left[s_{ij} \Omega_{ij} - \log(1 + e^{\Omega_{ij}}) \right] + \eta \sum_{i=1}^{n} \parallel b_i - u_i \parallel_2^2 - \frac{\lambda}{L} \sum_{i=1}^{n} \parallel u_i \parallel_2^2$$

$$(5.9)$$

　　在式(5.9)中,前两项和式(5.7)完全相同,即只采用了成对哈希损失。不同

的是第三项中我们将原始的分类损失替换成了一个约束条件。该约束条件 — $\frac{\lambda}{L}\sum_{i=1}^{n}\parallel u_i \parallel_2^2$ 可以使得 u_i 尽可能的远离 0。这种约束对于哈希编码非常重要，因为它可以使得哈希编码的每个比特 $b_i = \mathrm{sgn}(u_i)$ 尽量接近 -1 或者 $+1$，从而避免在学习中由于某个比特接近 0 而产生量化误差。同式（5.7）相同，式（5.9）依然可以嵌入到孪生卷积神经网络框架中进行端到端的学习，我们将利用这种新约束的混合损失方法叫做深度二值约束哈希（Deep Binary Constraint Hashing，DBCH）方法，利用这个损失函数进行学习可以得到更好的哈希编码结果。

表 5.3　实验一条件下，DBCH 和各种方法不同长度哈希特征检索精度

方　　法	12－bits	24－bits	32－bits	48－bits	平均精度
本文（DBCH）	0.803	0.821	0.825	0.834	0.821
DTSH[158]	0.710	0.750	0.765	0.774	0.750
DPSH[157]	0.713	0.727	0.744	0.757	0.707
NINH[153]	0.552	0.566	0.558	0.581	0.564
CNNH[152]	0.439	0.511	0.509	0.522	0.495
FastH[146]	0.305	0.349	0.369	0.384	0.352
SDH[141]	0.285	0.329	0.341	0.356	0.328
KSH[145]	0.303	0.337	0.346	0.356	0.336
LFH[144]	0.176	0.231	0.211	0.253	0.218
SPLH[142]	0.171	0.173	0.178	0.184	0.177
ITQ[137]	0.162	0.169	0.172	0.175	0.170
SH[136]	0.127	0.128	0.126	0.129	0.128

　　本文 DBCH 方法在实验一的设置条件下，与不同方法的实验对比结果如表 5.3 所示。实验结果中的最高和次高的结果，分别用黑体和下划线标出。从表 5.3 可以看出，本文 DBCH 方法和其他方法相比，检索精度有明显提高。相对于目前深度哈希中最佳的 DTSH[158] 方法，本文 DBCH 方法依然可以避免使用三元组损失函数带来的时间复杂度过高问题。同时，本文 DBCH 方法与 DTSH[158] 方法相比，本文 DBCH 方法可以提高 7.7% 的精度，并且训练效率更高。

在实验二的设置条件下,本文 DBCH 方法与 DSRH[154]、DSCH[155]、RSCH[155]、DPSH[157] 和 DTSH[158] 方法进行对比,实验结果如表 5.4 所示。从实验结果中,我们可以发现本文 DBCH 方法在实验二条件下,仍然可以进一步提高精度。与其他深度哈希表示学习方法相比,本文 DBCH 方法在不同比特长度编码条件下,均取得了最好的检索结果。同时,本文 DBCH 方法 16 比特情况下的检索精度是 0.947 MAP,可以超过 DTSH 方法[158] 48 比特时的检索精度 0.926 MAP,与本文 DDSH 方法相比也略有提高。

表 5.4　实验二条件下,DBCH 和各种方法不同长度哈希特征检索精度

方　　法	16—bits	24—bits	32—bits	48—bits	平均精度
本文(DBCH)	0.947	0.950	0.950	0.950	0.949
DTSH[158]	0.915	0.923	0.925	0.926	0.922
DPSH[157]	0.763	0.781	0.795	0.807	0.760
DRSCH[155]	0.615	0.622	0.629	0.631	0.624
DSCH[155]	0.609	0.613	0.617	0.620	0.615
DSRH[154]	0.608	0.611	0.617	0.618	0.614

5.4　基于注意力机制的深度哈希表示学习方法

目前,深度哈希学习的研究重点,都侧重于损失函数的构建,从针对单一图像的分类损失,到针对成对图像的对偶损失,再到针对正例和负例的三元损失。随着损失函数的复杂,虽然利用了更丰富的信息,但也使得模型学习起来越来越复杂,计算量越来越大。本章 5.2 节方法是巧妙利用了分类损失与成对损失结合的方式,进一步提高了模型精度,但为了减少训练时间,我们选择了层数较少的卷积神经网络作为深度模型的基本特征提取模块。如果在本章 5.2 节的基础上,使用参数更多、层数更深的卷积神经网络进行学习,我们在实验中发现,由于成对损失的复杂性很高,更深的模型模型训练十分困难。为了解决该问题,在本节中我们将问题再次简化,利用最简单的分类损失,在模型内部设计注意力机制,通过设计新的内部结构提高深度哈希编码表示能力。

5.4.1　生物的视觉注意力机制

大量的研究表明,生物的视觉系统可以有选择性地关注一个"感兴趣"的对象,这种机制被称作视觉注意机制。很显然,生物的视觉注意力机制是生物进化的必然选择。随着生物视觉系统的进化,视觉系统处理的信息越来越多。面对复杂的海量信息,一方面生物通过增加视觉系统中的神经细胞数量来增加处理信息的能力;另一方面,由于视觉系统所传递的信息量十分丰富庞大,远远超出了生物大脑的处理能力。为了解决视觉信息过载问题,生物的视觉系统中出现了注意力机制,使得生物视觉系统实现了高效率的信息选择处理,进而能将有限的分析计算能力都放在重要的任务上。本质上来说,视觉细胞的增加是由简单到复杂的升级,而视觉注意力机制则是从复杂到简单的化简。这两种机制在生物的视觉系统中都起到了重要的作用。

从心理学的角度,视觉注意机制是生物大脑信息加工的重要功能,它强调了生物意识的重要性和心理活动的主动性;从生理学的角度,视觉注意机制是生物在长期的生物进化过程中为了生存而产生的特殊功能,使得生物能够从海量的视觉输入信息中实时地发现食物或者敌人;从信息处理的角度,生物视觉系统的信息处理资源与能力均是有限的,需要有选择地分配和使用,以便更好地同外界环境进行交互。因此,视觉注意机制对于心理学、生理学、信息科学等学科领域的发展都具有极为重要的意义。

根据目前的研究表明,生物视觉注意机制是由额叶和顶叶组成的皮层网络控制的,并且注意机制分为两种形式:一种是"自下而上"无意的选择,一种是"自上而下"有意的选择。类比生物视觉系统的进化过程,卷积神经网络的进化过程与生物大脑的进化表出现了惊人的类似。从最早的卷积神经网络 LeNet 模型[37],到最近的 ResNet 模型[48]和 DensNet 模型[60],卷积神经网络模型的复杂度越来越高。随着模型参数的增加,模型的表示能力也继续增加,但同时带来了计算复杂性的增加。另一方面,注意力机制如何加入到复杂模型,使得模型更加有效地处理复杂视觉信息,成为研究的新兴领域,并在目标检测等领域得到初步应用。

由于深度哈希图像表示过程中,通常情况深度学习的输入都是整个图像,虽然在学习过程中深度特征会表现出"聚焦"到某个特定目标的特性,但由于模型设计过程中没有考虑视觉注意机制,因此其聚焦效果还存在一定的不足。同时,由于哈希特征表示方法对于特征的压缩程度非常高,一幅图像往往最终的表示特征需要降低到 16 个比特位。那么,在编码过程中忽略图像中"非兴趣"区域,则可以更加高效地表示内容。

虽然利用视觉注意机制进行特征表示是一个很直观的想法,但前期大多数研究都停留在如何将显著性区域提取的更加准确的工作上,而如何有效地将注意力机制自下而上和自上而下方法融入到深度哈希表示中成为一个难题。本节中我们将视觉注意机制与深度哈希表示相结合,利用该机制在深度框架中设计了一个注意力层,使得深度哈希表示能力得到进一步提高。

5.4.2　深度注意力残差哈希表示方法

本节提出的深度注意力残差哈希(Deep Attention Residual Hashing,DARH)表示方法如图 5.6 所示,共包含三个部分:第一部分是一个深度残差网络,该网络用于提取图像的深度特征;第二部分是注意力层,该层可以有效发现图像的重要区域,使得哈希编码更加侧重于图像中的显著区域;第三部分是一个损失函数层,该损失函数用于构建哈希表示的整体损失。这三个部分在本节DARH 方法中被有效结合在一个统一的框架下,通过端到端的学习实现深度哈希表示学习。

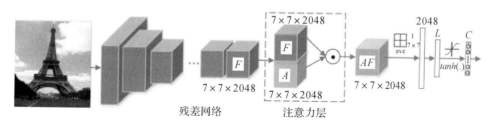

图 5.6　本文 DARH 方法流程图

本节的 DARH 模型包含一个 ResNet－50 模型 ResNet 用于图像特征抽取。在该模型中,我们删除了最后的池化和全连接层,假设 θ 表示 ResNet－50模型的所有参数,则给定一个大小为 $M \times N$ 的输入图像 I_i,我们首先将该图像缩放到 224×224 大小(该图像尺度是 ResNet－50 模型的输入要求)。经过ResNet－50 模型的多个卷积层后,我们可以得到其最后一个卷积层的特征图 F_i,此时我们将该特征图变成一个大小为 $H \times W \times D$ 张量,其中 $H = 7$ 且 $W = 7$ 表示特征图的长度和宽度,而 $D = 2\,048$ 表示特征图的通道数量。

根据残差网络 ResNet－50 模型输出的特征图,我们设计一个注意力层在深度模型中加入注意力机制。注意力层首先利用特征图来计算空间注意力图。空间注意力图的计算方法如下:

$$A(:,:,j) = \sum_{j=1}^{D} | F(:,:,j) | \tag{5.10}$$

式中, $A \in^{H \times W \times D}$ 表示空间注意力图。根据空间注意力图我们可以利用点乘 $\odot$ 操作,得到最终的注意力特征图 AF:

$$AF = F \odot A \tag{5.11}$$

在训练过程中,当给定卷积特征图 F 时,首先计算空间注意力图 A,然后利用点乘操作,利用 F 和 A 得到最终的注意力特征图 AF。AF 则将被送入后续的全连接层进而得到损失函数。根据反向传播算法,如果给定损失函数 l 对于 AF 的导数 $\frac{\partial l}{\partial AF}$,则可以利用链式求导法则,得到损失函数对于 F 的导数:

$$\frac{\partial l}{\partial F} = \frac{\partial l}{\partial AF} * \frac{\partial AF}{\partial F} = \frac{\partial l}{\partial AF} \odot A \tag{5.12}$$

值得注意的是,本文设计的注意力机制层并没有引入新的参数,因此在学习过程中模型复杂度并没有增加。

当得到注意力特征图 AF 后,我们在一个池化操作后,加入一个具有 L 个节点的隐层,如图 5.6 所示。该隐层输出通过一个 $tanh$ 函数连接到输出层。$tanh$ 函数的作用是使得节点输出值更加接近于 -1 到 1 之间。最后输出损失利用最常见的多类分类损失,该损失函数定义如下:

$$Loss = - \sum_{i=1}^{m} \log \frac{e^{W_{p_i}^T y_i + v_{p_i}}}{\sum_{j=1}^{C} e^{W_j^T y_i + v_j}} \tag{5.13}$$

式中,$y_i = \tanh(W^T \varphi(I_i, \theta) + v)$ 表示深度特征经过 $tanh$ 函数后的输出,该特征的语义属于第 p_i 类。W 表示连接 $tanh$ 函数后的输出和全连接节点 C 之间的权重,v 表示偏置量,m 表示批量大小。

显然,该网络可以通过随机梯度下降方法进行训练。经过训练后,对于任意图像 I_i,我们可以通过该网络计算该图像的哈希编码特征 $b_i = H(I_i) = sgn(y_i)$。

5.5 基于注意力机制的深度哈希实验分析

5.5.1 实验设置

本节实验设置与章节 5.3.2 实验设置完全相同。

5.5.2　实验结果对比分析

实验结果如表 5.5 和表 5.6 所示。从表 5.5 可以看出,在实验一条件下,本文 DARH 方法和其他方法相比,检索精度有显著提高。与经典的深度哈希 DTSH[158] 方法相比,本文的 DARH 方法在不同长度哈希特征的平均检索精度提高 19%。

从表 5.6 可以看出,本文 DARH 方法在实验二条件下,可以进一步提高检索精度。这进一步说明,训练样本增加本文 DARH 方法的精度依然可以进一步提高。同时,与其他深度哈希表示学习方法相比,本文 DARH 方法在不同比特长度编码条件下,均取得了最好的结果,平均检索精度与第二名 DTSH[158] 方法相比提高 7%。同时,本文 DARH 方法在实验二条件下,由于训练数据充足,使得哈希编码在 16 比特、24 比特、32 比特和 48 比特条件下,检索精度几乎相同。这种特性可以保证本文 DARH 方法可以在低比特编码条件下,实现高精度的检索效果。

表 5.5　实验一条件下,DARH 和各种方法不同长度哈希特征检索精度

方　　法	12－bits	24－bits	32－bits	48－bits	平均精度
本文(DARH)	0.866	0.897	0.906	0.910	0.895
DTSH[158]	0.710	0.750	0.765	0.774	0.750
DPSH[157]	0.713	0.727	0.744	0.757	0.707
NINH[153]	0.552	0.566	0.558	0.581	0.564
CNNH[152]	0.439	0.511	0.509	0.522	0.495
FastH[146]	0.305	0.349	0.369	0.384	0.352
SDH[141]	0.285	0.329	0.341	0.356	0.328
KSH[145]	0.303	0.337	0.346	0.356	0.336
LFH [144]	0.176	0.231	0.211	0.253	0.218
SPLH[142]	0.171	0.173	0.178	0.184	0.177
ITQ[137]	0.162	0.169	0.172	0.175	0.170
SH[136]	0.127	0.128	0.126	0.129	0.128

表 5.6　实验二条件下，DARH 和各种方法不同长度哈希特征检索精度

方　法	16－bits	24－bits	32－bits	48－bits	平均精度
本文(DARH)	0.988	0.988	0.989	0.991	0.989
DTSH[158]	0.915	0.923	0.925	0.926	0.922
DPSH[157]	0.763	0.781	0.795	0.807	0.760
DRSCH[155]	0.615	0.622	0.629	0.631	0.624
DSCH[155]	0.609	0.613	0.617	0.620	0.615
DSRH[154]	0.608	0.611	0.617	0.618	0.614

　　由于本文的 DARH 方法中，同时引入了注意力机制和残差机制。为了分析这两个机制各自的作用，我们设计了三个在 DARH 模型上的变化模型进行分析。第一个模型中，既不使用注意力机制，也不使用残差机制。这个模型等价于在 VGG－F 模型上直接使用分类损失进行哈希学习，我们将这个模型命名为 DARH－A 模型。第二个模型中，我们只引入注意力机制，即我们在 VGG－F 模型基础上，加入注意力机制使用分类损失进行哈希学习，我们将第二个模型命名为 DARH－B 模型。第三个模型中，我们只引入残差机制，即在 ResNet 模型上加入分类损失进行哈希学习，我们将第三个模型命名为 DARH－C 模型。而 DARH 模型中，则表示即使用注意力机制，又使用残差 ResNet 网络的哈希表示学习方法。

　　针对以上的四个模型，我们在实验一条件下，对四个模型在 CIFAR－10 数据集上的检索性能进行测试。实验结果如图 5.7 所示。从图 5.7 中可以看出，分别加入注意力和残差机制后，都可以显著提高模型的表示能力。同时，当两个机制都加入时，即本文的 DARH 方法可以在四个比特长度下达到最佳的检索性能。

　　为了进一步说明本文注意力层可以将哈希表示编码侧重于图像中的重要区域，我们对注意力层的输出进行可视化。图 5.8 给出了两个图像和其注意力特征图的对比结果，其中注意力特征图可视化结果为其多个通道的平均值：$\frac{1}{D}\sum_{j=1}^{D}$ $|AF(:,:,j)|$。从图 5.8 中可以看出，本文 DARH 方法可以有效发现图像中的显著区域，该注意力机制和人类的显著性发现机制十分相似，因此可以进一步提高图像哈希表示的精度。

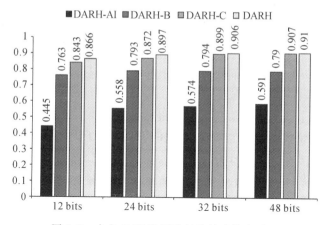

图 5.7　本文 DARH 四种结构检索精度对比

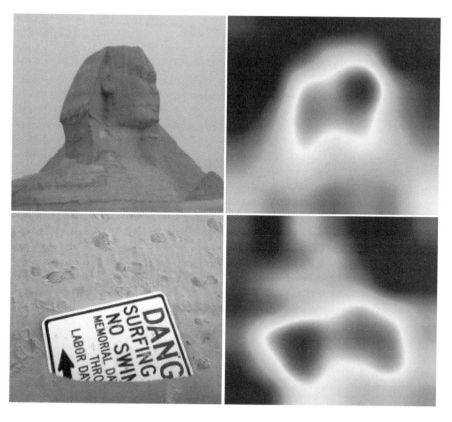

图 5.8　平均注意力特征图可视化结果

5.5.3　深度哈希表示能力分析

在 5.2 和 5.3 节中,我们给出了基于孪生网络混合哈希的两种方法 DDSH 和 DBCH 方法,在 5.4 节中,我们给出了基于注意力机制和残差机制的深度哈希 DARH 方法。这三种方法在实验一和实验二条件下的检索精度如图 5.9 和图 5.10 所示。从实验精度上来看,本文的 DARH 由于采用了注意力机制和残差机制,其检索效果相对于 DDSH 和 DBCH 方法更强。但这三种模型由于使用了不同的优化目标,其特点也有所差异。因此在本节中,我们将综合分析 DDSH、DBCH 和 DARH 三种方法的特点与差异。

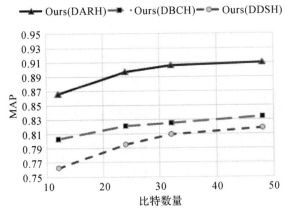

图 5.9　本文 DDSH、DBCH 和 DASH 三种方法在
实验一条件下不同长度特征的检索精度

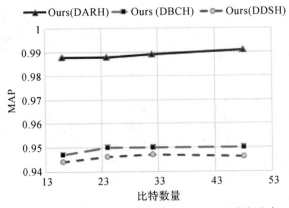

图 5.10　本文 DDSH、DBCH 和 DASH 三种方法在
实验二条件下不同长度特征的检索精度

首先,DDSH 方法是一种利用了成对损失和分类损失的方法,该方法的损失函数最为复杂。因此,DDSH 利用的信息最充分。但由于成对损失对于大规模数据和复杂网络训练存在难题,我们如果将 DDSH 方法中的 VGG−F 模型替换成为 ResNet 模型结构,我们在实验中发现 DDSH 计算过程十分缓慢,并且由于需要调整的网络参数过多,损失函数难于收敛。DBCH 方法只利用了成对损失函数并加入了约束条件,虽然其整体哈希表示效果高于 DDSH,计算速度也有所提升。但由于其模型仍然是复杂度较高的成对损失函数,因此 DBCH 模型从小型 VGG−F 网络推广到 ResNet 网络时,依然存在计算复杂度高难于收敛的问题。

DASH 由于只利用了分类损失,其损失函数最为简单。如果只使用简单的分类损失很难达到成 DDSH 混合损失以及 DBCH 成对损失加约束条件的表示性能,这个结论已经在图 5.5 中可以说明。虽然分类损失的缺点是不如混合损失和成对损失利用信息多,但它也带来了一个新的特点:收敛速度快可以高效地训练网络。本文的 DASH 方法正是利用了该特点,可以成功的引入注意力机制并将模型从 VGG−F 扩展到 ResNet 模型。综上所述,我们将本文 DDSH 方法、DBCH 方法和 DARH 方法的特点总结在表 5.7 中。

表 5.7 本文 DDSH 方法、DBCH 方法和 DARH 方法的优缺点对比

哈希学习方法	损失函数	损失复杂度	依赖模型	模型参数	表示能力
本文 DDSH	混合损失	高	VGG−F	低	较高
本文 DBCH	成对损失	较高	VGG−F	低	较高
本文 DARH	分类损失	低	ResNet	高	高

5.6 本 章 小 结

目前,深度卷积神经网络输出的特征维度依然较高,对于大规模图像分析处理存在计算量过大的问题。针对该问题,本章主要研究在有监督条件下利用深度哈希表示学习方法提高哈希特征表示能力的方法。本章首先提出了一种基于孪生网络的混合哈希表示学习方法,该方法通过将分类损失与成对哈希损失相结合的方式,在孪生网络结构上实现了端到端的哈希特征学习。进一步地,本章深入分析了混合损失中分类损失和成对哈希损失各自的特点,在充分挖掘各自特点的情况下,给出了基于深度二值约束损失和基于注意力机制的深度表示改进方法。基于深度二值约束损失的哈希学习方法,只利用了成对哈希损失,在孪生网络模型中加入二值约束,进一步提高了哈希特征的表示能力。基于注意力机制的哈希学习方法,只利用了分类损失,在深度残差网络模型中加入注意力机制,进一步提高了哈希特征的表示能力。实验结果表明,本章所提的三种方法都可以有效提高深度哈希特征的表示能力,并显著提高低比特编码条件下图像检索任务的精度。

第6章 总结与展望

6.1 工 作 总 结

作为一种具备图像高层语义相似性的图像描述方法,图像深度表示学习技术有助于解决大规模图像数据分析的难题。因而近年来成为表示学习与机器视觉领域的一个新兴热点。现有深度表示学习方法存在诸如模型选择与设计缺乏指导原则、模型迁移能力差、对无标签数据调整网络困难、深度特征维度过高等诸多问题,使得利用深度表示学习得到的图像特征在现实应用中仍存在较大的局限性,因此还需要继续研发新的关键技术和方法来应对这些困难与挑战。

本书紧紧围绕深度表示学习方法在实际应用中面临的几个关键难题进行研究,通过深入分析和挖掘深度模型的潜能,尝试提出针对上述问题的解决方案。因此,本文围绕深度表示模型的选择与构建、深度跃层表示方法、非监督深度度量表示方法和有监督深度哈希表示方法这四个问题提出了一系列新的解决方案,具体可以概括为以下四个创新点。

(1)为了对深度表示模型进行有效利用,分析了各种深度模型在其他图像视觉处理任务中的表示能力。实验结果表明,并不是分类能力强的卷积神经网络其通用表示能力就越强。相反,分类能力强的网络往往存在任务过拟合现象,对于其他视觉任务反而导致表示能力下降。同时,为了更快地构建深度表示模型,提出了一种基于类脑的模块化卷积神经网络构建方法。实验结果表明,通过该方法构建的深度卷积神经网络,具有更快的收敛速度和分类精度。

(2)针对零样本学习场景下的深度特征表示能力不足问题,通过充分利用深度模型的分层特性,提出了一种基于跃层表示的特征表示方法。为使所提方法更具鲁棒性,提出了一种对冲多尺度特征加权方法,使得跃层特征检索精度进一步提高。同时,针对目标跟踪任务,利用深度特征的跃层表示特性,设计了一种深度跃层特征目标跟踪方法。该跟踪方法将跃层的深度特征与核相关滤波跟踪有机融合,成功提高了视频目标跟踪的精度。在标准数据集上的实验结果表明,深度跃层表示方法可以有效提升特征表示能力,改善图像检索和目标跟踪任务的性能。

(3)针对深度表示学习中无标签样本难于训练的问题,提出了一种非监督深度度量表示学习方法。该方法利用无标签数据特征之间的关系进行度量学习,不需要对深度神经网络进行网络参数调整,避免了深度神经网络学习调参过程中难于优化、训练时间长等问题。除此之外,该方法不仅仅可以得到更好的特征表示精度,同时还可以在度量学习的同时降低特征维度,进而使得图像的特征表示更加适合大规模数据检索,甚至可用于图像数据集的可视化处理。在标准数据集上的实验结果表明,所提方法能有效提高非监督场景下深度特征的表示能力。

(4)针对现有深度哈希表示学习方法难于训练、表示能力有限的问题,提出了一种基于孪生网络的混合哈希表示学习方法。进一步通过分析混合损失函数的特性,对于成对损失提出一种引入比特约束的改进模型。同时,针对分类损失函数学习能力较差的问题,通过引入注意力机制和残差机制,设计了一种基于注意力机制的深度哈希表示学习方法。实验结果表明,本书中方法可以有效提高低比特哈希特征的表示能力,更适用于大规模图像数据的快速检索任务。

6.2　未来展望

本文围绕深度表示学习技术中的关键问题展开研究,提出了一系列新的图像深度表示学习方法,并通过实验验证了本书中方法的有效性。然而,由于现实世界的复杂性和多样性,图像深度表示学习技术还面临诸多挑战,新的研究方向也会层出不穷。下面,简单列举几个深度表示学习中未来发展的方向。

1.超大规模的表示学习模型

美国数学家冯·诺依曼曾说:"给我四个参数,我的模型可以拟合一个大象。给我五个参数,我可以让它扭动它的鼻子"。目前的深度学习表示模型,参数个数已经达到了 10^7 个,如此巨大的参数已经具备了十分强大的表示能力。但有关神经科学的研究表明,10^7 个神经元连接参数只相当于青蛙大脑中神经元连接的数量,该数量远远小于人类大脑中神经元连接 $10^{14} \sim 10^{15}$ 的数量。随着计算机技术的不断发展,有统计表明人造网络的神经元参数规模每 2.4 年可以提升一倍,按照这个速度到 2050 年人类将可以创造出具有和人脑神经元参数规模相当的模型。与此同时,科学家们发现,计算机的冯·诺依曼体系结构并不能适应大规模神经网络模型的学习[161]。因此,新兴的计算体系正在进行研究,如曼彻斯特大学的 SpiNNaker 工程[162]、IBM 公司的 TrueNorth 结构[161]和 Darwin 体系[163]、斯坦福大学的 Neurogrid 体系[164]和 Google 公司的 TPU(Tensor Processing Unit)芯片等。除此之外,科学家们认为人脑内部的计算机制可能类似于量子计算的形态,而通过量子计算机训练大规模的网络将在未来成为可能[165,166]。

2.进化算法与表示学习模型自动设计

有科学研究表明,智能主要是由于"学习"和"进化"而产生的。图像深度表示学习模型已经具备很强的表示学习能力,但该网络结构目前还需要人工精心设计,无法进行自动进化。如何将"学习"和"进化"有机结合,已经成为人工智能领域备受关注的一个问题。实际上,通过进化方法设计改进模型结构,在早期的神经网络与递归网络算法设计中就已经被提出过,如 NEAT[167]、CoSyNE[168]、HyperNEAT[169]等。然而,这些方法都无法扩展到卷积神经网络模型设计中。文献[170]提出利用非监督方法和增强学习(Reinforcement Learning)方法学习卷积神经网络结构,但该方法中只有很小一部分结构可以利用 CoSyNE[168]进行进化。Zoph 等人[171]提出利用递归神经网络和增强学习方法设计卷积神经网络进化模型,但该方法每层的滤波器大小是固定的,滤波器的个数也是固定不变的,依然做不到模型彻底的进化。

从 2017 年开始,利用进化算法设计卷积神经网络结构再次成为热点话题。Xie 等人[172]提出一个利用遗传算法设计卷积神经网络结构的方法,该方法可以对卷积层的设计进行进化设计,但该方法不能设计其他层次模型并且卷积核的大小不能改变。Miikkulainen 等人[173]提出 CoDeepNEAT 方法,该方法是基于 NEAT[167]实现的,可以对模型中各层结构和超参数进行进化,该方法的局限是模型连接关系是固定的无法进行进化。Real 等人[174]提出利用进化算法解决图像分类问题,并在 CIFAR-10 和 CIFAR-100 数据集上进行测试。该方法使用分布式进化方法在多台计算机上并行进化,同时引入进化算法中的变异操作来进一步生成更加复杂的模型结构。除此之外,该方法还采用重塑(Reshape)滤波器尺度的方法解决了滤波器尺度变换引起的模型结构冲突的问题。Desell[175]提出增强卷积拓扑的进化探索(Evolutionary Exploration of Augmenting Convolutional Topologies,EXACT)方法,该方法可以进化得到任意结构和尺度的滤波器。由于该方法进化需要大量计算,该方法利用网络上志愿提供计算服务的 4 500 台计算机,通过两个月时间进化生成了 120 000 个网络模型,在 MNIST 数据集上得到了 98.32% 的进化识别精度。

从目前的进展来看,进化设计方法还没有彻底完善,目前所有进化设计模型结构的方法仍不能彻底实现模型结构的随意进化。同时,进化方法需要耗费巨大的计算资源,目前的硬件计算能力相对欠缺。虽然从精度上机器自动设计的模型结构依然没有超过人类精心设计的模型结构,但从长远来看,该方法的前景十分美好。机器不知疲倦地进化出新的结构,这将进一步促使人们重新思考模型结构的设计模式。同时,机器进化得到的新结构也将进一步促进人们对人脑进化过程的理解。

3.表示学习模型的压缩与低功耗模型

目前,依据卷积神经网络训练的高精度模型包含大量参数。例如,2012 年出现的 AlexNet 模型,在 NVIDIA GTX 580 3GB GPUs 上训练了 6 天才训练结束;2015 年微软的 ResNet 模型,使用了四块 K80 GPU,训练时间需要三周;谷歌的机器翻译系统,用了 96 块 K80 GPU 训练了 6 天。谷歌的 AlphaGo 模型学习使用了 1 920 个 CPU 和 280 块 GPU,该模型每学习一个棋局,消耗的电费就高达 3 000 美金。如此高昂的计算和功耗代价,使得这些模型在移动设备上的应用受到一定限制。为了进一步高效地利用网络模型,基于模型压缩技术设计出参数较少的模型,成为一个新的研究方向。

目前,主流的模型压缩的技术可以分为四大类:剪枝、权值共享、量化和二值神经网络。剪枝方法通过去除权重较小的连接或者不重要的神经元,来实现模型压缩[176,177]。权值共享方法将相近的参数变成同一个参数实现模型压缩[178]。量化方法通过降低权重数值的精度来压缩模型[179]。二进制网络通过将权重量化为 -1 或者 +1 来压缩模型[180]。这些参数较少的模型,虽然牺牲了部分性能,但使得卷积神经网络等优秀的表示模型在物联网设备上广泛使用,配合FPGA 和 ASIC 等硬件加速方法,使得其应用范围大大加强[181]。

4.表示学习与类脑机制进一步结合

人类大脑的强大,并不是因为其计算能力强于计算机。相反,随着计算机计算速度的增加,超级计算机的计算能力已经超过人类。然而,计算机却依然没有达到人类大脑的智能,这主要是因为大脑中有很多"天然"的机制在让我们的学习能力不断增强。本书第 5 章中,尝试使用注意力机制来提升图像哈希表示能力,得到了较好的效果,但这种尝试还是比较粗浅的结合。如何将更多类脑机制和图像处理任务结合,仍需要进行大量研究。

目前,基于卷积神经网络的图像表示学习方法,模拟了人类视觉系统观察到某个物体时,在 100 ms 内的处理过程。然而,视觉系统对于信息的处理与时间密切相关,100 ms 以外的视觉处理机制,如何加入到模型中成为研究的难题。例如,人类视觉中存在显著性检测机制,可以帮助人类过滤掉不关心的信息。同时,人眼还存在再确认眼动机制,可以自动调整焦距确定目标,这使得人类获取的信息更加有效。除此之外,经研究发现人脑中的细胞是通过脉冲激励机制产生刺激,和时间信息密切相关,因此如何将时间序列模型加入到表示模型之中,也在未来的研究中至关重要。

5.多模态表示学习

神经学家对于人脑的研究表明,人类脑细胞是具有多功能学习能力的细胞。例如,当人的听觉细胞被连接到视觉信号输入时,可以学习到视觉细胞看见物体的能力。这种能力表明,大脑可能在使用一种"统一"的方式来解决所有问题。而目前在机器学习领域,对于不同任务(如图像、语音、文字等)内容,都构建了不同的模型。截至目前为止,这些研究领域依然被划分得十分明确。但随着深度学习技术的发展,一个模型解决所有任务将在未来成为可能。文献[182]提出一种利用多任务学习提高人脸识别精度的方法。文献[183]提出利用张量分解的方法,实现自动多任务学习。本书第 5 章节中的 DDSH 方法,利用了成对损失与分类损失,结合了两个任务共同指导学习,在某种意义上也属于多模态多任务学习的一种尝试。笔者认为,多任务学习不但可以使得表示模型的推广能力大大增强,同时多任务带来的额外知识也可以提升本领域的知识表示能力。但目前机器学习多模态表示学习能力,距离人脑的多任务学习水平差距还很大,未来的研究还有巨大的上升空间。

6.非监督小样本的表示学习方法

目前,计算机在某种程度上可以实现人脑的学习能力。但是在学习效率上却依然存在显著差异。有科学研究表明,人类和动物在学习某个概念时,通常只需要很少的样本即可获取该知识[184,185]。但这种利用小样本快速获取知识的能力,对于计算机来说依然十分困难。目前具备良好表示能力的深度学习方法往往依赖于成千上万的训练样本进行有监督学习[43,48]。依赖大规模有监督样本学习十分耗费标注和训练时间,同时在很多情况下大规模学习有监督数据集是不具备条件的。因此,这些缺陷限制了表示学习技术的进一步发展。

但随着技术的不断发展,利用非监督小样本实现快速表示学习的工作已经出现。深度卷积对抗生成网络(Deep Convolutional Generative Adversarial Networks,DCGAN)已经可以利用非监督自动生成图像[186]。CVAE-GAN 方法生成的图像已经可以达到以假乱真的效果[187]。微软等公司更是希望把深度学习、知识图谱、逻辑推理、符号学习等结合起来,进一步推动人工智能的发展,使人工智能更接近人的智能。因此,知识和数据相结合,实现从小样本数据进行高效学习,是未来研究的热点方向。

参 考 文 献

[1] KEYSERS C, XIAO D K, FOLDIAK P, et al. The Speed of Sight[J]. Journal of Cognitive Neuroscience, 2001, 13(1): 90 – 101.

[2] HUNG C P, KREIMAN G, POGGIO T, et al. Fast Readout of Object Identity from Macaque Inferior Temporal Cortex[J]. Science, 2005, 310 (5749): 863 – 866.

[3] HUBEL D, WIESEL T. Receptive Fields of Single Neurones in the Cat's Striate Cortex[J]. Journal of Physiology, 1959, 148(3): 574 – 591.

[4] MARR D. Vision: A Computational Investigation into the Human Representation and Processing of Visual Information [M]. [S. l.]: Henry Holt and Co. , Inc. ,1982.

[5] LOWE D G. Object Recognition from Local Scale-Invariant Features [C]//International Conference on Computer Vision. Corfu: IEEE Computer Society, 1999: 1150 – 1157.

[6] DALAL N, TRIGGS B. Histograms of Oriented Gradients for Human Detection[C]//Computer Vision and Pattern Recognition. San Diego: IEEE Computer Society, 2005: 886 – 893.

[7] CALONDER M, LEPETIT V, STRECHA C, et al. BRIEF: Binary Robust Independent Elementary Features[C]//European Conference on Computer Vision. Berlin:Springer, 2010: 778 – 792.

[8] LEUTENEGGER S, CHLI M, SIEGWART R Y. BRISK: Binary Robust Invariant Scalable Keypoints[C]//International Conference on Computer Vision. Barcelona: IEEE Computer Society, 2012: 2548 – 2555.

[9] RUBLEE E, RABAUD V, KONOLIGE K, et al. ORB: An Efficient Alternative to SIFT or SURF[C]//International Conference on Computer Vision. Barcelona: IEEE Computer Society, 2012: 2564 – 2571.

[10] ORTIZ R. FREAK: Fast Retina Keypoint[C]//Computer Vision and Pattern Recognition. Providence: IEEE Computer Society, 2012: 510 –

517.

[11] YU J, QIN Z, WAN T, et al. Feature Integration Analysis of Bag-of-features Model for Image Retrieval[J]. Neurocomputing, 2013, 120 (10): 355 – 364.

[12] PEARSON K. On Lines and Planes of Closest Fit to Systems of Points in Space[J]. Philosophical Magazine, 1901, 2(11): 559 – 572.

[13] FISHER R A. The Use of Multiple Measurements in Taxonomic Problems[J]. Annals of Eugenics, 1936, 7(2): 179 – 188.

[14] NICHOLAS E,EVANGELOPOULOS. Latent Semantic Analysis[J]. Wiley Interdisciplinary Reviews Cognitive Science, 2013, 4(6): 683 – 692.

[15] ROSIPAL R, GIROLAMI M, TREJO L J, et al. Kernel PCA for Feature Extraction and De-Noising in Nonlinear Regression[J]. Neural Computing and Applications, 2001, 10(3): 231 – 243.

[16] TIPPING M E, BISHOP C M. Probabilistic Principal Component Analysis[J]. Journal of the Royal Statistical Society, 1999, 61(3): 611 – 622.

[17] ZOU H, HASTIE T, TIBSHIRANI R. Sparse Principal Component Analysis[J]. Journal of Computational and Graphical Statistics, 2004, 15(2): 1 – 30.

[18] VIDAL R, MA Y, SASTRY S S. Robust Principal Component Analysis[M]. New York: Springer, 2016.

[19] LAWRENCE N. Probabilistic Non-linear Principal Component Analysis with Gaussian Process Latent Variable Models[J]. Journal of Machine Learning Research, 2005, 6(3): 1783 – 1816.

[20] ALIYARI GHASSABEH Y, RUDZICZ F, MOGHADDAM H A. Fast Incremental LDA Feature Extraction[J]. Pattern Recognition, 2015, 48(6): 1999 – 2012.

[21] YAN S, XU D, ZHANG B, et al. Graph Embedding: A General Framework for Dimensionality Reduction [C]//Computer Vision and Pattern Recognition: Vol 2. San Diego: IEEE Computer Society, 2005: 830 – 837.

[22] TENENBAUM J B, DE SILVA V, LANGFORD J C. A Global Geometric Framework for Nonlinear Dimensionality Reduction [J].

Science, 2000, 290(5500):2319 - 23.

[23] ROWEIS S T, SAUL L K. Nonlinear Dimensionality Reduction by Locally Linear Embedding[J]. Science, 2000, 290(5500): 2323 - 2326.

[24] BELKIN M, NIYOGI P. Laplacian Eigenmaps and Spectral Techniques for Embedding and Clustering[C]//International Conference on Neural Information Processing Systems: Natural and Synthetic. Vancouver: MIT Press, 2001: 585 - 591.

[25] HOUT M C, PAPESH M H, GOLDINGER S D. Multidimensional Scaling[J]. Wiley Interdisciplinary Reviews Cognitive Science, 2013, 4 (1): 93 - 103.

[26] WEINBERGER K Q, SAUL L K. Distance Metric Learning for Large Margin Nearest Neighbor Classification [J]. Journal of Machine Learning Research, 2009, 10(1): 207 - 244.

[27] SCHOLKOPF B, PLATT J, HOFMANN T. Efficient Sparse Coding Algorithms[C]//Advances in Neural Information Processing Systems. Vancouver: MIT Press, 2006: 801 - 808.

[28] LANDAHL H D, MCCULLOCH W S, PITTS W. A Statistical Consequence of the Logical Calculus of Nervous Nets[J]. Bulletin of Mathematical Biophysics, 1943, 5: 115 - 133.

[29] HEBB D. The Organization of Behavior [J]. Journal of Applied Behavior Analysis, 1949, 25(3): 575 - 577.

[30] SMOLENSKY P. Connectionist AI, Symbolic AI, and the Brain[J]. Artificial Intelligence Review, 1987, 1(2): 95 - 109.

[31] ROSENBLATT F. The Perceptron: A Probabilistic Model for Information Storage and Organization in the Brain[J]. Psychological Review, 1958, 65(6): 386 - 408.

[32] MINSKY M L, PAPERT S. Perceptrons: An Introduction to Computational Geometry[M]. Vancouver: MIT Press, 1969: 3356 - 3362.

[33] WERBOS P. Beyond Regression: New Tools for Prediction and Analysis in the Behavioral Science [D]. [S. l.]: Harvard University, 1974.

[34] RUMELHART D E, MCCLELLAND J L, GROUP C P. Parallel Distributed Processing: Explorations in the Microstructure of Cognition

[J]. Science, 1986, 290(5500): 2319 – 2323.

[35] RUMELHART D E, HINTON G E, WILLIAMS R J. Learning Representations by Back-propagating Errors[J]. Nature, 1986, 323 (6088): 533 – 536.

[36] FUKUSHIMA K. Neocognitron: A Self-organizing Neural Network Model for a Mechanism of Pattern Recognition Unaffected by Shift in Position[J]. Biological Cybernetics, 1980, 36(4): 193 – 202.

[37] LECUN Y, JACKEL L D, BOSER B, et al. Handwritten Digit Recognition: Applications of Neural Network Chips and Automatic Learning[J]. IEEE Communications Magazine, 1989, 27(11): 41 – 46.

[38] HINTON G E, OSINDERO S, TEH Y W. A Fast Learning Algorithm for Deep Belief Nets[J]. Neural Computation, 2006, 18(7): 1527 – 1554.

[39] CIRESAN D C, MEIER U, GAMBARDELLA L M, et al. Deep Big Simple Neural Nets for Handwritten Digit Recognition[J]. Neural Computation, 2010, 22(12): 3207 – 3220.

[40] LE Q V, MONGA R, DEVIN M, et al. Building High-level Features Using Large Scale Unsupervised Learning [C]. IEEE International Conference on Acoustics, Speech and Signal Processing, 2011: 8595 – 8598.

[41] GLOROT X, BORDES A, BENGIO Y. Deep Sparse Rectifier Neural Networks[J]. Journal of Machine Learning Research, 2011, 15: 315 – 323.

[42] HINTON GE, SRIVASTAVA N, KRIZHEVSKYA, et al. Improving Neural Networks by Preventing Co-adaptation of Feature Detectors [EB/OL]. (2012 – 07 – 03) [2022 – 09 – 06]. http://arxiv. org/abs/ 1207. 0580.

[43] KRIZHEVSKY A, SUTSKEVER I, HINTON G E. ImageNet Classification with Deep Convolutional Neural Networks[J]. Advances in Neural Information Processing Systems, 2012, 25(2): 1097 – 1105.

[44] DENG J, DONG W, SOCHER R, et al. ImageNet: A Large-scale Hierarchical Image Database [C]//Computer Vision and Pattern Recognition. Miami: IEEE Computer Society, 2009: 248 – 255.

[45] RAZAVIAN A S, AZIZPOUR H, SULLIVAN J, et al. CNN Features off-the-shelf: An Astounding Baseline for Recognition [C/OL]// Computer Vision and Pattern Recognition. Columbus: IEEE Computer

Society, 2014: 512 – 519. http://dx. doi. org/10. 1109/CVPRW. 2014.131.

[46] SCHMIDHUBER J. Deep Learning in Neural Networks: An Overview [J]. Neural Networks, 2014, 61: 85 – 117.

[47] LECUN Y, BENGIO Y, HINTON G. Deep Learning[J]. Nature, 2015, 521(7553): 436 – 444.

[48] HE K, ZHANG X, REN S, et al. Deep Residual Learning for Image Recognition [C]//Computer Vision and Pattern Recognition. Las Vegas: IEEE Computer Society, 2016: 770 – 778.

[49] SILVER D, HUANG A, MADDISON C J, et al. Mastering the Game of Go with Deep Neural Networks and Tree Search[J]. Nature, 2016, 529(7587): 484 – 489.

[50] SERRE T, WOLF L, BILESCHI S, et al. Robust Object Recognition with Cortex-like Mechanisms [J]. IEEE Transactions on Pattern Analysis and Machine Intelligence, 2007, 29(3): 411 – 426.

[51] HE K, ZHANG X, REN S, et al. Delving Deep into Rectifiers: Surpassing Human-Level Performance on ImageNet Classification[C]// International Conference on Computer Vision. Santiago: IEEE Computer Society, 2015: 1026 – 1034.

[52] IOFFE S, SZEGEDY C. Batch Normalization: Accelerating Deep Network Training by Reducing Internal Covariate Shift [C]// International Conference on Machine Learning. Lille: JMLR. org, 2015: 448 – 456.

[53] RUSSAKOVSKY O, DENG J, SU H, et al. ImageNet Large Scale Visual Recognition Challenge[J]. International Journal of Computer Vision, 2015, 115(3):211 – 252.

[54] SIMONYAN K, ZISSERMAN A. Very Deep Convolutional Networks for Large-scale Image Recognition [C]//International Conference on Learning Represen tations. San Diego: IEEE, 2015: 1 – 13.

[55] SZEGEDY C, LIU W, JIA Y, et al. Going Deeper with Convolutions [C]//Computer Vision and Pattern Recognition. Boston: IEEE Computer Society, 2015: 1 – 9.

[56] VEIT A, WILBER M J, BELONGIE S. Residual Networks Behave

Like Ensembles of Relatively Shallow Networks [C]//Advances in Neural Information Processing Systems. Barcelona: ACM, 2016: 550 – 558.

[57] LARSSON G, MAIRE M, SHAKHNAROVICH G. FractalNet: Ultra-Deep Neural Networks without Residuals[EB/OL]. (2016 – 05 – 24) [2022 – 09 – 12]. http://arxiv. org/abs/1605. 07648

[58] TARG S, ALMEIDA D, LYMAN K. Resnet in Resnet: Generalizing Residual Architectures[EB/OL]. (2016 – 03 – 25) [2022 – 09 – 12]. http://arxiv. org/abs/1603. 08029.

[59] ZHANG K, SUN M, HAN T X,et al, Residual Networks of Residual Networks: Multilevel Residual Networks[EB/OL]. (2016 – 08 – 09) [2022 – 09 – 12]. http://arxiv. org/abs/1608. 02908.

[60] HUANG G, LIU Z, van der MAATEN L, et al. Deep Pyramidal Residual Networks [C]//Computer Vision and Pattern Recognition. Honoluli: IEEE Computer Society, 2017: 1063 – 6919.

[61] ZAGORUYKO S, KOMODAKIS N. Wide Residual Networks [EB/OL]. (2016 – 05 – 23) [2022 – 09 – 13]. http://arxiv. org/abs/1605. 07146.

[62] HAN D, KIM J, KIM J. Deep Pyramidal Residual Networks[C]//Computer Vision and Pattern Recognition. Honoluli: IEEE Computer Society, 2017: 6307 – 6315.

[63] JEGOU H, DOUZE M, SCHMID C. Hamming Embedding and Weak Geometric Consistency for Large Scale Image Search[C]//European Conference on Computer Vision. Marseille: Springer, 2008: 304 – 317.

[64] PHILBIN J, CHUM O, ISARD M, et al. Object Retrieval with Large Vocabularies and Fast Spatial Matching [C]//Computer Vision and Pattern Recognition. Minneapolis: IEEE Computer Society, 2007: 1 – 8.

[65] PHILBIN J, CHUM O, ISARD M, et al. Lost in Quantization: Improving Particular Object Retrieval in Large Scale Image Databases [C]//Computer Vision and Pattern Recognition. Anchorage: IEEE Computer Society,2008: 1 – 8.

[66] LI Y, ZHANG Y, XU Y, et al. Robust Scale Adaptive Kernel Correlation Filter Tracker with Hierarchical Convolutional Features[J]. IEEE Signal Processing Letters, 2016, 23(8): 1136 – 1140.

[67] WU Y, LIM J, YANG M H. Online Object Tracking: A Benchmark [C]//Computer Vision and Pattern Recognition. Portland: IEEE Computer Society, 2013: 2411 – 2418.

[68] GLICKSTEIN M, RIZZOLATTI G. Francesco Gennari and the Structure of the Cerebral Cortex[J]. Trends in Neurosciences, 1984, 7 (12): 464 – 467.

[69] QIU F T, HEYDT R V D. Figure and Ground in the Visual Cortex: V2 Combines Stereoscopic Cues with Gestalt Rules[J]. Neuron, 2005, 7: 155 – 166.

[70] BRADDICK O J, O'BRIEN J M, WATTAMBELL J, et al. Brain Areas Sensitive to Coherent Visual Motion[J]. Perception, 2001, 30 (1): 61 – 72.

[71] GODDARD E, MANNION D J, MCDONALD J S, et al. Color Responsiveness Argues Against a Dorsal Component of Human V4[J]. Journal of Vision, 2011, 11(4): 88 – 89.

[72] BORN R T, BRADLEY D C. Structure and Function of Visual Area MT[J]. Annual Review of Neuroscience, 2005, 28(1): 157.

[73] LUI L L, BOURNE J A, ROSA M G P. Functional Response Properties of Neurons in the Dorsomedial Visual Area of New World Monkeys (Callithrix jacchus)[J]. Cerebral Cortex, 2006, 16(2): 162 – 177.

[74] GOODALE M A, MILNER A D. Separate Visual Pathways for Perception and Action[J]. Trends in Neurosciences, 1992, 15(1): 20 – 25.

[75] JARRETT K, KAVUKCUOGLU K, RANZATO M, et al. What is the Best Multi-stage Architecture for Object Recognition? [C]// International Conference on Computer Vision. Kyoto: IEEE Computer Society, 2010: 2146 – 2153.

[76] SRIVASTAVA N. Improving Neural Networks with Dropout[J]. Journal of Chemical Information and Modeling, 2013, 53(9): 1689 – 1699.

[77] SALAKHUTDINOV R, HINTON G. Deep Boltzmann Machines[J]. Journal of Machine Learning Research, 2009, 5(2): 1967 – 2006.

[78] SCHOLKOPF B, PLATT J, HOFMANN T. Efficient Learning of Sparse Repre sentations with an Energy-Based Model[C]//Advances in

Neural Information Processing Systems. [S. l.]: MIT press, 2006: 1137 - 1144.

[79] GOODFELLOW I J, WARDE-FARLEY D, MIRZA M, et al. Maxout Networks[J]. Computer Science, 2013: 1319 - 1327.

[80] GOODFELLOW I J, COURVILLE A, BENGIO Y. Joint Training Deep Boltzmann Machines for Classification Computer[EB/OL]. (2013 - 01 - 16) [2022 - 09 - 15]. http://arxiv. org/abs/1301. 3568.

[81] YU D, DENG L. Deep Convex Net: A Scalable Architecture for Speech Pattern Classification [C]//Conference of the International Speech Communication Association. Florence: ISCA, 2011: 2285 - 2288.

[82] RIFAI S, DAUPHIN Y N, VINCENT P, et al. The Manifold Tangent Classifier[C]. Advances in Neural Information Processing Systems. [S. l.]: Curran Associates InC, 2011:2294 - 2302.

[83] HINTON G E, SRIVASTAVA N, KRIZHEVSKY A, et al. Improving Neural Networks by Preventing Co-adaptation of Feature Detectors[J]. Computer Science,2012, 3(4): 212 - 223.

[84] WAN L, ZEILER M, ZHANG S, et al. Regularization of Neural Networks Using Dropconnect[C]//International Conference on Machine Learning. Atlanta: JMLR. org, 2013: 1058 - 1066.

[85] SCHMIDHUBER J. Multi-column Deep Neural Networks for Image Classification [C]//Computer Vision and Pattern Recognition. Providence: IEEE Computer Society, 2012: 3642 - 3649.

[86] ZHAO Q, PRINCIPE J C. Support Vector Machines for SAR Automatic Target Recognition[J]. IEEE Transactions on Aerospace and Electronic Systems, 2001, 37(2): 643 - 654.

[87] DONG G, WANG N, KUANG G. Sparse Representation of Monogenic Signal: With Application to Target Recognition in SAR Images[J]. IEEE Signal Process ing Letters, 2014, 21(8): 952 - 956.

[88] DONG G, KUANG G. Kernel Linear Representation: Application to Target Recognition in Synthetic Aperture Radar Images[J]. Journal of Applied Remote Sensing, 2014, 8(1): 1 - 13.

[89] DONG G, KUANG G. Target Recognition in SAR Images via Classification on Riemannian Manifolds [J]. IEEE Geoscience and

Remote Sensing Letters, 2014, 12(1): 199 - 203.

[90] SUN Y, LIU Z, TODOROVIC S, et al. Adaptive Boosting for SAR Automatic Target Recognition[J]. IEEE Transactions on Aerospace and Electronic Systems, 2007, 43(1): 112 - 125.

[91] CHEN S, WANG H. SAR Target Recognition based on Deep Learning [C]//International Conference on Data Science and Advanced Analytics. Shanghai: IEEE,2015: 541 - 547.

[92] UN Z, XUE L, XU Y. Recognition of SAR Target based on Multilayer Autoencoder and SNN [J]. International Journal of Innovative Computing Information and Control Ijicic, 2013, 9(11): 4331 - 4341.

[93] CUI Z, CAO Z, YANG J, et al. Hierarchical Recognition System for Target Recognition from Sparse Representations [J]. Mathematical Problems in Engineering, 2015, 2015(5786): 1 - 6.

[94] MORGAN D A E. Deep Convolutional Neural Networks for ATR from SAR Imagery[C]//International Society for Optics and Photonics. [S. l.]:[s. n.],2015: 94750F.

[95] NGUYEN A, YOSINSKI J, CLUNE J. Deep Neural Networks are Easily Fooled: High Confidence Predictions for Unrecognizable Images [C]//Computer Vision and Pattern Recognition. [S. l.]:[s. n.],2015: 427 - 436.

[96] BABENKO A, SLESAREV A, CHIGORIN A, et al. Neural Codes for Image Retrieval[C]//European Conference on Computer Vision: Vol 8689. Boston: IEEE Computer Society, 2014: 584 - 599.

[97] GONG Y, WANG L, GUO R, et al. Multi-scale Orderless Pooling of Deep Convolutional Activation Features[C]//European Conference on Computer Vision. Zurich: Springer, 2014: 392 - 407.

[98] YANDEX A B, LEMPITSKY V. Aggregating Local Deep Features for Image Retrieval[C]//International Conference on Computer Vision. Santiago: IEEE Computer Society,2015: 1269 - 1277.

[99] KALANTIDIS Y, MELLINA C, OSINDERO S. Cross-Dimensional Weighting for Aggregated Deep Convolutional Features[C]//European Conference on Computer Vision. Amsterdam: Springer,2016: 685 - 701.

[100] PAULIN M, MAIRAL J, DOUZE M, et al. Convolutional Patch

Representations for Image Retrieval: An Unsupervised Approach[J]. International Journal of Computer Vision, 2016 Vol(abs/ 1603. 00438): 1 - 20.

[101] TOLIAS G, RONAN S, JéGOU H. Particular Object Retrieval with Integral Maxpooling of CNN Activations[C]//International Conference on Learning Representations. [S. l.]:[s. n.],2016 : 1 - 14.

[102] LOWE D G. Distinctive Image Features from Scale-Invariant Keypoints[J]. International Journal of Computer Vision, 2004, 60 (2): 91 - 110.

[103] LIU W, ANGUELOV D, ERHAN D, et al. SSD: Single Shot MultiBox Detector[C]//European Conference on Computer Vision. Amsterdam: Springer, 2016.

[104] NG J Y-H, YANG F, DAVIS L S. Exploiting Local Features from Deep Networks for Image Retrieval[C]//Computer Vision and Pattern Recognition Workshops. Boston: IEEE Computer Society,2015: 53 - 61.

[105] GEIGER A, LAUER M, WOJEK C, et al. 3D Traffic Scene Understanding from Movable Platforms[J]. IEEE Transactions on Pattern Analysis and Machine Intelligence, 2014, 36(5): 1012 - 1025.

[106] WU Y, LIM J, YANG M H. Object Tracking Benchmark[J]. IEEE Transactions on Pattern Analysis and Machine Intelligence, 2015, 37 (9): 1834.

[107] HENRIQUES J F, RUI C, MARTINS P, et al. High-Speed Tracking with Kernelized Correlation Filters[J]. IEEE Transactions on Pattern Analysis and Machine Intelligence, 2014, 37(3): 583 - 596.

[108] BOLME D S, BEVERIDGE J R, DRAPER B A, et al. Visual Object Tracking Using Adaptive Correlation Filters[C]//Computer Vision and Pattern Recognition. San Francisco: IEEE Computer Society, 2010: 2544 - 2550.

[109] DANELLJAN M, KHAN F S, FELSBERG M, et al. Adaptive Color Attributes for Real-Time Visual Tracking[C]//Computer Vision and Pattern Recognition. Columbus: IEEE Computer Society,2014: 1090 - 1097.

[110] LI Y, ZHU J. A Scale Adaptive Kernel Correlation Filter Tracker

with Feature Integration[C]//European Conference on Computer Vision. Zurich: Springer, 2014: 254 - 265.

[111] WANG L, OUYANG W, WANG X, et al. Visual Tracking with Fully Convolutional Networks[C]//International Conference on Computer Vision. Santiago: IEEE Computer Society, 2015: 3119 - 3127.

[112] DANELLJAN M, HAGER G, KHAN F S, et al. Convolutional Features for Correlation Filter Based Visual Tracking[C]// International Conference on Computer Vision Workshop. Santiago: IEEE Computer Society, 2015: 621 - 629.

[113] MA C, HUANG J B, YANG X, et al. Hierarchical Convolutional Features for Visual Tracking[C]//International Conference on Computer Vision. Santiago: IEEE Computer Society, 2015: 3074 - 3082.

[114] DANELLJAN M, HAGER G, KHAN F S, et al. Accurate Scale Estimation for Robust Visual Tracking[C]//British Machine Vision Conference. Nottingham: BMVA Press, 2014: 1 - 11.

[115] XU Y, WANG J, LI H, et al. Patch-based Scale Calculation for Real-time Visual Tracking[J]. IEEE Signal Processing Letters, 2015, 23 (1): 40 - 44.

[116] CHAUDHURI K, FREUND Y, HSU D. A Parameter-free Hedging Algorithm[C]. Advances in neural information processing systems, 2009: 297 - 305.

[117] VEDALDI A, LENC K. MatConvNet: Convolutional Neural Networks for MATLAB[C]//ACM International Conference on Multimedia. Brisbane: ACM,2015: 689 - 692.

[118] RAZAVIAN A S, SULLIVAN J, MAKI A, et al. Visual Instance Retrieval with Deep Convolutional Networks[J]. ITE Transactions on Media Technology and Applications, 2016, 4(3): 251 - 258.

[119] ARANDJELOVICR, GRONAT P, TORII A, et al. NetVLAD: CNN Architecture for Weakly Supervised Place Recognition[C]//Computer Vision and Pattern Recognition. Las Vegas: IEEE Computer Society, 2016: 5297 - 5307.

[120] HARE S, SAFFARI A, TORR P H S. Struck: Structured Output Tracking with Kernels[C]//International Conference on Computer

Vision. Barcelona: IEEE Computer Society, 2011: 263 – 270.

[121] DANELLJAN M, H. G, KHAN F S, et al. Learning Spatially Regularized Correlation Filters for Visual Tracking[C]//International Conference on Computer Vision. Santiago: IEEE Computer Society, 2015: 4310 – 4318.

[122] GAO J, LING H, HU W, et al. Transfer Learning Based Visual Tracking with Gaussian Processes Regression [C]//European Conference on Computer Vision. Zurich: Springer, 2014: 188 – 203.

[123] LI Y, ZHU J, HOI S C H. Reliable Patch Trackers: Robust Visual Tracking by Exploiting Reliable Patches[C]//Computer Vision and Pattern Recognition. Boston: IEEE Computer Society, 2015: 353 – 361.

[124] HENRIQUES J, CASEIRO R, et al. Exploiting the Circulant Structure of Tracking-by-Detection with Kernels [C]//European Conference on Computer Vision. Florence: Springer, 2012: 702 – 715.

[125] WANG D, LU H. Visual Tracking via Probability Continuous Outlier Model[C]//Computer Vision and Pattern Recognition. Columbus: IEEE Computer Society, 2014: 3478 – 3485.

[126] WEISS K, KHOSHGOFTAAR T M, WANG D D. A Survey of Transfer Learning[J]. Journal of Big Data, 2016, 3(9): 1 – 40.

[127] GORDO A, ALMAZAN J, REVAUD J, et al. Deep Image Retrieval: Learning Global Representations for Image Search [C]//European Conference on Computer Vision. [S. l.]:[s. n.], 2016: 241 – 257.

[128] RADENOVICF, TOLIAS G, CHUM O R. CNN Image Retrieval Learns from BoW: Unsupervised Fine-tuning with Hard Examples [C]//European Conference on Computer Vision. [S. l.]: [s. n.], 2016: 3 – 20.

[129] VAN DER MAATEN L, HINTON G E. Visualizing Data using t-SNE[J]. Journal of Machine Learning Research, 2008, 9: 2579 – 2605.

[130] CHUM O, PHILBIN J, SIVIC J, et al. Total Recall: Automatic Query Expansion with a Generative Feature Model for Object Retrieval [C]//International Conference on Computer Vision. Rio de Janeiro: IEEE Computer Society, 2007: 1 – 8.

[131] ZHENG L, YANG Y, TIAN Q. SIFT meets CNN a Decade Survey of

Instance Retrieval[EB/OL]. (2016 – 08 – 05) [2022 – 09 – 16]. http://arxiv. org/abs/1608. 01807.

[132] SMEULDERS A W, WORRING M, SANTINI S, et al. Content-based Image Retrieval at the End of the Early Years [J]. IEEE Transactions on Pattern Analysis and Machine Intelligence, 2000, 22 (12): 1349 – 1380.

[133] WANG J, ZHANG T, SONG J, et al. A Survey on Learning to Hash [EB/OL]. (2016 – 06 – 01) [2022 – 09 – 16]. http://arxiv. org/abs/1606. 00185.

[134] ANDONI A, INDYK P. Near-Optimal Hashing Algorithms for Approximate Nearest Neighbor in High Dimensions[J]. Proc Found Comput Sci, 2006, 51(1): 459 – 468.

[135] RAGINSKY M, LAZEBNIK S. Locality-sensitive Binary Codes from Shift invariant Kernels[C]//Neural Information Processing Systems. Vancouver: Curran Associates, Inc. , 2009: 1509 – 1517.

[136] WEISS Y, TORRALBA A, FERGUS R. Spectral Hashing [C]// Neural Information Processing Systems. Vancouver: Curran Associates, Inc. ,2008: 1753 – 1760.

[137] GONG Y, LAZEBNIK S. Iterative Quantization: A Procrustean Approach to Learning Binary Codes[C]//Computer Vision and Pattern Recognition. Colorado Springs:IEEE Computer Society, 2011: 817 – 824.

[138] LIU W, WANG J, KUMAR S, et al. Hashing with Graphs[C]// International Conference on Machine Learning. Bellevue: Omnipress, 2011: 1 – 8.

[139] KONG W, LI W J. Isotropic Hashing [C]//Neural Information Processing Systems: Vol 2. Lake Tahoe: [s. n.],2012: 1646 – 1654.

[140] KULIS B, DARRELL T. Learning to Hash with Binary Reconstructive Embeddings [C]//Neural Information Processing Systems. Vancouver: Curran Associates, Inc. , 2009: 1042 – 1050.

[141] SHEN F, SHEN C, LIU W, et al. Supervised Discrete Hashing[C]// Computer Vision and Pattern Recognition. Boston: IEEE Computer Society, 2015: 37 – 45.

[142] WANG J, KUMAR S, CHANG S F. Sequential Projection Learning

for Hashing with Compact Codes[C]//International Conference on Machine Learning. Haifa: Omnipress, 2010: 1127 – 1134.

[143] NOROUZI M E, FLEET D J. Minimal Loss Hashing for Compact Binary Codes[C]//International Conference on Machine Learning. Bellevue: Omnipress, 2011: 353 – 360.

[144] ZHANG P, ZHANG W, LI W J, et al. Supervised Hashing with Latent Factor Models[C]//International ACM SIGIR conference on Research and development in information retrieval. Gold Coast: ACM,2014: 173 – 182.

[145] CHANG S F, JIANG Y G, JI R, et al. Supervised Hashing with Kernels[C]//Computer Vision and Pattern Recognition. Providence: IEEE Computer Society, 2012: 2074 – 2081.

[146] LIN G, SHEN C, SHI Q, et al. Fast Supervised Hashing with Decision Trees for High-Dimensional Data[C]//Computer Vision and Pattern Recognition. Columbus: IEEE Computer Society, 2014: 1971 – 1978.

[147] LI X, LIN G, SHEN C, et al. Learning Hash Functions Using Column Generation [C]//International Conference on Machine Learning. Atlanta:JMLR. org, 2013: 142 – 150.

[148] WANG J, LIU W, SUN A X, et al. Learning Hash Codes with Listwise Supervision [C]//International Conference on Computer Vision. Sydney: IEEE Computer Society, 2013: 3032 – 3039.

[149] WANG J, WANG J, YU N, et al. Order Preserving Hashing for Approximate Nearest Neighbor Search[C]//International Conference on Multimedia. Barcelona: ACM, 2013:133 – 142.

[150] WANG Q, ZHANG Z, SI L. Ranking Preserving Hashing for Fast Similarity Search [C]//International Conference on Artificial Intelligence. Buenos: AAAI Press, 2015: 3911 – 3917.

[151] OLIVA A, TORRALBA A. Modeling the Shape of the Scene: A Holistic Representation of the Spatial Envelope [J]. International Journal of Computer Vision, 2001, 42(3): 145 – 175.

[152] XIA R, PAN Y, LAI H, et al. Supervised Hashing for Image Retrieval via Image Representation Learning[C]//International Joint

Conference on Artificial Intelligence. Quebec: AAAI Press, 2014: 2156 – 2162.

[153] LAI H, PAN Y, LIU Y, et al. Simultaneous Feature Learning and Hash Coding with Deep Neural Networks[C]//Computer Vision and Pattern Recognition. Boston: IEEE Computer Society, 2015: 3270 – 3278.

[154] ZHAO F, HUANG Y, WANG L, et al. Deep Semantic Ranking based Hashing for Multi-label Image Retrieval[C]//Computer Vision and Pattern Recognition. Boston: IEEE Computer Society, 2015: 1556 – 1564.

[155] ZHANG R, LIN L, ZHANG R, et al. Bit-Scalable Deep Hashing with Regu-larized Similarity Learning for Image Retrieval and Person Re-Identification[J]. IEEE Transactions on Image Processing, 2015, 24(12): 4766 – 4779.

[156] ZHU H, LONG M, WANG J, et al. Deep Hashing Network for Efficient Similarity Retrieval [C]//AAAI Conference on Artificial Intelligence. Phoenix: AAAI Press,2016: 2415 – 2421.

[157] LI W J, WANG S, KANG W C. Feature Learning based Deep Supervised Hashing with Pairwise Labels [C]//International Joint Conference on Artificial Intelligence. New York: IJCAI/AAAI Press, 2016: 1 – 7.

[158] WANG X, SHI Y, KITANI K M. Deep Supervised Hashing with Triplet Labels[EB/OL]. (2016 – 12 – 12) [2022 – 09 – 17]. http://arxiv. org/abs/1612. 03900.

[159] SCHROFF F, KALENICHENKO D, PHILBIN J. Facenet: A Unified Embedding for Face Recognition and Clustering [C]//Computer Vision and Pattern Recognition. Boston: IEEE Computer Society, 2015: 815 – 823.

[160] CHATFIELD K, SIMONYAN K, VEDALDI A, et al. Return of the Devil in the Details: Delving Deep into Convolutional Nets[C]//Proc Brit Mach Vis Conf Nottingham: BMVA Press, 2014.

[161] MEROLLA P A, ARTHUR J V, ALVAREZ-ICAZA R, et al. Artificial Brains: A Million Spiking-neuron Integrated Circuit with a Scalable Communication Network and Interface[J]. Science, 2014,

345(6197): 668 – 673.

[162] FURBER S B, GALLUPPI F, TEMPLE S, et al. The SpiNNaker Project[J/OL]. Proceedings of the IEEE, 2014, 102(5): 652 – 665. http://dx. doi. org/10. 1109/ JPROC. 2014 .2304638.

[163] SHEN J, DE M A, ZONGHUA G U, et al. Darwin: A Neuromorphic Hardware Co-processor based on Spiking Neural Networks[J]. Sciece China Information Sciences, 2016, 59(2): 1 – 5.

[164] BENJAMIN B V, GAO P, MCQUINN E, et al. Neurogrid: A Mixed-AnalogDigital Multichip System for Large-Scale Neural Simulations [J]. Proceedings of the IEEE, 2014, 102(5): 699 – 716.

[165] JOHNSON M W, AMIN M H S, GILDERT S, et al. Quantum Annealing with Manufactured Spins[J]. Nature, 2011, 473(7346): 194 – 198.

[166] WIEBE N, KAPOOR A, SVORE K M. Quantum Deep Learning[J]. ArXiv eprints, 2016,16:541-587.

[167] STANLEY K, MIIKKULAINEN R. Evolving Neural Networks through Augmenting Topologies [J]. Evolutionary Computation, 2002, 10(2): 99 – 127.

[168] GOMEZ F, SCHMIDHUBER J, RGEN, et al. Accelerated Neural Evolution through Cooperatively Coevolved Synapses[J]. Journal of Machine Learning Research, 2008, 9(9): 937 – 965.

[169] STANLEY K O, D'AMBROSIO D B, GAUCI J. A Hypercube-based Encoding for Evolving Large-scale Neural Networks [J]. Artificial Life, 2009, 15(2): 185.

[170] KOUTNiK J, SCHMIDHUBER J, GOMEZ F. Evolving Deep Unsupervised Convolutional Networks for Vision-based Reinforcement Learning[M]. [S. l.]:ACM, 2014.

[171] ZOPH B, LE Q V. Neural Architecture Search with Reinforcement Learning[J/OL]. CoRR, 2016, abs/1611. 01578. http://arxiv. org/ abs/1611. 01578.

[172] XIE L, YUILLE A. Genetic CNN[EB/OL]. (2017 – 03 – 04) [2022 – 09 – 17]. http://arxiv. org/abs/1703. 01513.

[173] MIIKKULAINEN R, LIANGJ,MEYERSON E, et al. Evolving Deep

Neural Networks [EB/OL]. (2017 – 03 – 01) [2022 – 09 – 17]. http://arxiv. org/abs/1703. 00548.

[174] REAL E, MOORE S, SELLE A, et al. Large – Scale Evolution of Image Classifiers [EB/OL]. (2017 – 03 – 03) [2022 – 09 – 18]. http:// arxiv. org/abs/1703. 01041.

[175] DESELL T. Large Scale Evolution of Convolutional Neural Networks Using Volunteer Computing[EB/OL]. (2017 – 03 – 15) [2022 – 9 – 19]. http://arxiv. org/abs/1703. 05422.

[176] WOLFE N, SHARMA A, DRUDE L, et al. The Incredible Shrinking Neural Network: New Perspectives on Learning Representations Through The Lens of Pruning[EB/OL]. (2017 – 01 – 16) [2022 – 09 – 21]. http://arxiv. org/abs/1701. 04465.

[177] HAN S, POOL J, TRAN J, et al. Learning both Weights and Connections for Efficient Neural Networks[EB/OL]. (2015 – 06 – 08) [2022 – 09 – 20]. http://arxiv. org/abs/1506. 02626.

[178] BOULCH A. ShaResNet: Reducing Residual Network Parameter Number by Sharing Weights[EB/OL]. (2017 – 02 – 28)[2022 – 09 – 23]. http://arxiv. org/abs/1702. 08782.

[179] HAN S, MAO H, DALLY W J. Deep Compression: Compressing Deep Neural Network with Pruning, Trained Quantization and Huffman Coding [EB/OL]. (2015 – 10 – 01)[2022 – 09 – 23]. http:// arxiv. org/abs/1510. 00149

[180] COURBARIAUX M, BENGIO Y. BinaryNet: Training Deep Neural Networks with Weights and Activations Constrained to +1 or – 1[EB/ OL]. (2016 – 02 – 09) [2022 – 09 – 24]. http://arxiv. org/abs/ 1602. 02830.

[181] ANDRI R, CAVIGELLI L, ROSSI D, et al. YodaNN: An Ultra – Low Power Convolutional Neural Network Accelerator Based on Binary Weights[EB/OL]. (2016 – 06 – 17) [2022 – 09 – 23]. http://arxiv. org/abs/1606. 05487

[182] ZHANG Z, LUO P, CHEN C L, et al. Facial Landmark Detection by Deep Multitask Learning [C]//European Conference on Computer Vision. [S. l.]:[s. n.], 2014: 94 – 108.

[183] YANG Y, HOSPEDALES T. Deep Multi-task Representation Learning: A Tensor Factorisation Approach [C]//International Conference on Learning Representations. Toulon: OpenReview net, 2016: 1-12.

[184] ASHBY F G, MADDOX W T. Human Category Learning 2.0.[J]. Annals of the New York Academy of Sciences, 2011, 1224(1): 147-161.

[185] LAKE B M, SALAKHUTDINOV R, TENENBAUM J B. Human-level Concept Learning through Probabilistic Program Induction[J]. Science, 2015, 350(6266): 1332.

[186] RADFORD A, METZ L, CHINTALA S. Unsupervised Representation learning with Deep Convolutional Generative Adversarial Networks [EB/OL]. (2015-11-19) [2022-09-24]. http://arxiv. org/abs/ 1511. 06434.

[187] BAO J, CHEN D, WEN F, et al. CVAE-GAN: Fine-Grained Image Generation through Asymmetric Training [C]//International Conference on Computer Vision. Venice: IEEE Computer Society, 2017: 2764-2773.